After Effects

中文版

CC 2017动漫、影视特效
后期合成秘技

王红卫 迟振春 编著

清华大学出版社
北京

内 容 简 介

本书是专为动漫及影视动画后期制作人员编写的全实例教材。

全书精选动漫及影视动画案例进行技术剖析和操作详解，内容包括唯美光影、动漫场景、动漫影视魔幻特效、动漫影视自然特效、影视恐怖特效、影视烟雾及爆炸特效、动漫影视文字特效、影视汇聚特效、写意影视片头和影视快速搜索特效合成。

本书为读者免费提供了素材云盘下载，其中包括书中所有工程文件和高清语音视频教学文件。从全方位、多角度解读所有案例特点，再现制作现场，展示设计过程。

本书既适用于从事动漫制作、游戏动画制作、影视制作、栏目包装、电视广告、后期编缉与合成的读者，也适合作为社会培训学校、大中专院校相关专业的教学配套教材或上机实践指导用书。

图书在版编目（CIP）数据

中文版After Effects CC 2017 动漫、影视特效后期合成秘技 / 王红卫，迟振春编著.—北京：清华大学出版社，2017

ISBN 978-7-302-48494-3

Ⅰ.①中… Ⅱ.①王… ②迟… Ⅲ.①图象处理软件 Ⅳ.①TP391.413

中国版本图书馆CIP数据核字（2017）第230282号

责任编辑： 夏毓彦
封面设计： 王　翔
责任校对： 闫秀华
责任印制： 沈　露

出版发行： 清华大学出版社
　　　　　　　网　　址：http://www.tup.com.cn，http://www.wqbook.com
　　　　　　　地　　址：北京清华大学学研大厦A座　　　　　邮　编：100084
　　　　　　　社 总 机：010-62770175　　　　　　　　　　　邮　购：010-62786544
　　　　　　　投稿与读者服务：010-62776969，c-service@tup.tsinghua.edu.cn
　　　　　　　质量反馈：010-62772015，zhiliang@tup.tsinghua.edu.cn

印 刷 者： 北京天颖印刷有限公司
经　　销： 全国新华书店
开　　本： 190mm×260mm　　　　**印　张：** 19　　　　　**字　数：** 486千字
版　　次： 2017年11月第1版　　　　　　　　　　　　　　**印　次：** 2017年11月第1次印刷
印　　数： 1～4000
定　　价： 79.00元

产品编号：075720-01

前　言

1. 软件简介

　　Adobe After Effects简称AE，是Adobe公司推出的一款图形视频处理软件，适用于从事设计和视频特技的机构，包括电视台、动画制作公司、个人后期制作工作室及多媒体工作室。本书是After Effects 畅销书的再次升级，将Adobe After Effects CC 2017的新功能融入案例中，为读者呈现其出色效能。

2. 本书特点

　　在内容安排上以实例操作为主，介绍了在动漫及影视制作中应用最为普遍的唯美光影、动漫场景、动漫影视魔幻特效、自然特效、恐怖特效、烟雾及爆炸特效、文字特效、神奇穿越特效、影视汇聚特效、写意影视片头特效和影视快速搜索特效等的参数设置和使用方法。

　　在写法上以"特效解析+学习目标+视频教学+动画流程"的形式，清晰地描述了After Effects在动漫和影视后期合成中的应用，可操作性强。

3. 本书内容

　　第1章主要讲解动漫唯美光影特效合成。利用分形杂色特效制作出上帝之光与星光之源中的光线效果；利用Particular（粒子）特效制作出飞舞的光条，讲解了各种光效的表现手法。

　　第2章主要讲解动漫场景特效合成。利用CC 粒子世界特效、动荡置换特效制作出魔法火焰与哈利魔球效果；利用粒子替代方法制作千军万马等动漫场景的合成技法。

　　第3章主要讲解动漫影视魔幻特效合成。包括魔戒光线的表现、烟雾人的消失、魔法师的火球等魔幻特效合成。

　　第4章主要讲解动漫影视自然特效合成。介绍了闪电、墙皮脱落、老电影效果等自然特效的表现手法。

　　第5章主要讲解影视恐怖特效合成。介绍了神奇的眼睛、伤痕愈合和脸上爬动的蠕虫等恐怖镜头的制作方法。

　　第6章主要讲解影视烟雾及爆炸特效合成。介绍了飞行烟雾、高楼坍塌、地面爆炸等特效的制作。

　　第7章主要讲解动漫影视特效文字表现。介绍了颗粒文字、飞舞的文字、Hp7文字炸碎等的表现方法。

第8章主要讲解影视汇聚特效合成——穿越水晶球。主要介绍利用粒子和极坐标特效制作真实的星空效果；利用灯光工厂特效制作光绚丽的光效。

第9章主要讲解写意影视片头特效表现——烟雾文字。主要讲解利用CC粒子世界特效制作出粒子云的效果。

第10章主要讲解影视快速搜索特效表现——星球爆炸。主要讲解利用碎片特效制作地球爆炸；利用CC 快速放射模糊特效制作爆炸前耀眼的光效。

4. 云盘下载

本书工程文件及视频文件下载地址为：http://pan.baidu.com/s/1hspH5Og

如果下载有问题，请电子邮件联系booksaga@126.com，邮件主题为"求中文版After Effects CC 2017 动漫、影视特效后期合成秘技"。

本书由王红卫、迟振春编著，同时参与编写的还有王巧伶、尹金曼、杨晶、杨广于、夏红军、李慧娟、蔡桢桢、吕保成、王香、魏国良、赵国庆、刘士刚、潘海峰、宁慧敏、蒋世莲、陈家文、卢亨、张四海等。

在创作过程中，由于时间仓促，错误在所难免，希望广大读者批评指正。如果在学习过程中发现问题或有更好的建议，欢迎发邮件至Smbook@163.com与我们联系。

编者
2017年9月

目录/Contents

第3章　动漫影视魔幻特效合成　　63

第6章　影视烟雾及爆炸特效合成　　151

第7章　动漫影视特效文字表现　　175

第1章
Chapter

视频路径
movie /1.1 上帝之光.avi
movie /1.2 星光之源.avi
movie /1.3 飞舞的光条.avi

动漫唯美光影特效合成

内容摘要

　　本章主要讲解唯美光影特效合成的制作。利用【分形杂色】特效制作出上帝之光与星光之源中的光线效果，利用Particular（粒子）特效制作出飞舞的光条与光影追踪中的光效。

教学目标

- □ 【分形杂色】特效
- □ 蒙版的使用
- □ Particular（粒子）特效

1.1 上帝之光

● 特效解析

　　本例主要讲解【分形杂色】特效、【贝塞尔曲线变形】特效的应用。完成的动画流程画面如图1.1所示。

图1.1 动画流程画面

● 学习目标

　　通过本例的制作，学习【分形杂色】特效的参数设置及使用方法，掌握光线效果的制作。

• 操作步骤

1.1.1 新建总合成

步骤01 执行菜单栏中的【合成】|【新建合成】命令，打开【合成设置】对话框，设置【合成名称】为总合成，【宽度】数值为1024px，【高度】数值为576px，【帧速率】为25帧/秒，并设置【持续时间】为00:00:05:00秒，如图1.2所示。

图1.2 【合成设置】对话框

步骤02 执行菜单栏中的【文件】|【导入】|【文件】命令，打开【导入文件】对话框，选择云盘下载中的"工程文件\第1章\上帝之光\背景图片.jpg"素材，如图1.3所示。单击【导入】按钮，"背景图片.jpg"素材将导入到【项目】面板中，将其拖动到【总合成】时间线面板中。

图1.3 【导入文件】对话框

步骤03 执行菜单栏中的【图层】|【新建】|【纯色】命令，打开【纯色设置】对话框，设置【名称】为线光，【宽度】数值为1024像素，【高度】数值为576像素，【颜色】为黑色，如图1.4所示。

图1.4 【纯层设置】对话框

步骤04 选中"线光"层，在【效果和预设】面板中展开【杂色和颗粒】特效组，双击【分形杂色】特效，如图1.5所示。

图1.5 添加【分形杂色】特效

步骤05 在【效果控件】面板中设置【对比度】数值为257，【亮度】数值为-65；展开【变换】选项组，取消勾选【统一缩放】复选框，设置【缩放宽度】数值为35，【缩放高度】数值为1686，如图1.6所示，效果如图1.7所示。

图1.6 参数设置

图1.7 设置后效果

步骤06 将时间调整到00:00:00:00帧的位置，设置【演化】数值为0，单击码表 ⏱ 按钮，在当前位置添加关键帧；将时间调整到00:00:02:16帧的位置，设置【演化】数值为3×，如图1.8所示。

图1.8 关键帧设置

步骤07 选中"线光"层，设置其【模式】为【相加】，效果如图1.9所示。

图1.9 相加效果

步骤08 在【效果和预设】面板中展开【扭曲】特效组，双击【贝塞尔曲线变形】特效，如图1.10所示。默认的贝塞尔曲线变形形状如图1.11所示。

图1.11 默认的贝塞尔曲线变形形状

步骤09 调整贝塞尔曲线变形形状，如图1.12所示。

图1.12 调整后的形状

步骤10 选中"线光"层，选择工具栏中的【钢笔工具】 🖊 ，在【总合成】窗口中绘制闭合蒙版，如图1.13所示。

图1.13 绘制闭合蒙版

步骤11 选中"线光"层，按F键展开【蒙版羽化】属性，设置【蒙版羽化】数值为（236，236），效果如图1.14所示。

图1.10 添加【贝塞尔曲线变形】特效

图1.14 蒙版羽化效果

1.1.2 添加粒子特效

步骤01 执行菜单栏中的【图层】|【新建】|【纯色】命令，打开【纯色设置】对话框，设置【名称】为点光，【宽度】数值为1024像素，【高度】数值为576像素，【颜色】为黑色，如图1.15所示。

图1.15 【纯色设置】对话框

步骤02 选中"点光"层，在【效果和预设】面板中展开Trapcode特效组，双击Particular（粒子）特效，如图1.16所示。

图1.16 添加Particular（粒子）特效

步骤03 在【效果控件】面板中展开Particular（粒子）|Emitter（发射器）选项组，设置Particles/sec（粒子数量）为30，在Emitter Type（发射类型）右侧的下拉列表中选择Box（盒子发射），设置Position XY（XY轴位置）数值为（510，176），Velocity（速度）数值为50，Velocity Random（随机速度）数值为0，Velocity Distribution（速率分布）数值为0，Velocity form Motion（运动速度）数值为0，Emitter Size X（发射器X轴大小）数值为212，Emitter Size Y（发射器Y轴大小）数值为354，Emitter Size Z（发射器Z轴大小）数值为712，参数设置如图1.17所示，效果如图1.18所示。

图1.17 Emitter（发射器）参数设置

图1.18 画面效果

步骤04 展开Particle（粒子）选项组，设置Life【sec】（生命）数值为2，在Particle Type（粒子类型）右侧的下拉列表中选择Glow Sphere（发光球体），参数设置如图1.19所示，效果如图1.20所示。

图1.19 Particle（粒子）参数设置

图1.20 设置后的画面效果

步骤05 这样就完成了"上帝之光"的操作，按小键盘上的0键预览其中几帧动画，效果如图1.21所示。

图1.21 其中几帧动画效果

1.2 星光之源

• 特效解析

　　本例主要讲解【分形杂色】特效、【曲线】特效、【贝塞尔曲线变形】特效的应用及【蒙版】命令的使用。完成的动画流程画面如图1.22所示。

图1.22 动画流程画面

• 学习目标

　　通过本例的制作，学习【曲线】特效、【贝塞尔曲线变形】特效的参数设置及使用方法，掌握星光之源特效合成的制作。

• 操作步骤

1.2.1 制作绿色光环 ▶▶

步骤01 执行菜单栏中的【合成】|【新建合成】命令，打开【合成设置】对话框，设置【合成名称】为绿色光环，【宽度】数值为1024px，【高度】数值为576px，【帧速率】为25帧/秒，并设置【持续时间】为00:00:05:00秒，如图1.23所示。

图1.23 【合成设置】对话框

步骤02 执行菜单栏中的【文件】|【导入】|【文件】命令，打开【导入文件】对话框，选择云盘下载中的"工程文件\第1章\星光之源\背景.png、人物.png"素材，如图1.24所示。单击【导入】按钮，将"背景.png、人物.png"素材导入到【项目】面板中。

图1.24 【导入文件】对话框

步骤03 在【项目】面板中选择"人物.png"素材，将其拖动到【绿色光环】时间线面板中，如图1.25所示。

图1.25 添加素材

步骤04 执行菜单栏中的【图层】|【新建】|【纯色】命令，打开【纯色设置】对话框，设置【名称】为绿环，【宽度】数值为1024像素，【高度】数值为576像素，【颜色】为绿色（R:144；G:215；B:68），如图1.26所示。

图1.26 【纯色设置】对话框

步骤05 选中"绿环"层，选择工具栏中的【椭圆工具】，在"绿色光环"合成窗口绘制椭圆蒙版，如图1.27所示。

图1.27 绘制蒙版

●提示

使用标准形状的蒙版工具可以直接在合成素材上拖动绘制，系统会自动按蒙版的区域进行去除操作。

步骤06 选中"绿环"层，按F键展开【蒙版羽化】属性，设置【蒙版羽化】数值为（5，5）像素，如图1.28所示。

图1.28 设置【蒙版羽化】参数

步骤07 为了制作出圆环效果，再次选择工具栏中的【椭圆工具】 ，在合成窗口绘制椭圆蒙版，如图1.29所示。

步骤08 选中"蒙版2"层，按F键展开【蒙版羽化】属性，设置【蒙版羽化】数值为（75，75）像素，效果如图1.30所示。

图1.29 绘制蒙版

图1.30 蒙版羽化

步骤09 选中"绿环"层，单击三维 按钮将三维层打开，设置【方向】数值为（262，0，0），如图1.31所示。

图1.31 设置【方向】参数

步骤10 选中"绿环"层，将时间调整到00:00:00:00帧的位置，按S键展开【缩放】属性，设置【缩放】数值为（0，0，0），单击码表 按钮，在当前位置添加关键帧；将时间调整到00:00:00:14帧的位置，设置【缩放】数值为（599，599，599），系统会自动创建关键帧，如图1.32所示。

图1.32 【缩放】关键帧设置

步骤11 将时间调整到00:00:00:11帧的位置，按T键展开【不透明度】属性，设置【不透明度】数值为100%，单击码表 按钮，在当前位置添加关键帧；将时间调整到00:00:00:17帧的位置，设置【不透明度】数值为0%，系统会自动创建关键帧，如图1.33所示。

图1.33 【不透明度】关键帧设置

步骤12 选中"绿环"层，设置其【模式】为【屏幕】，如图1.34所示。

图1.34 图层模式设置

步骤13 为了使绿环与人物之间产生遮罩效果，执行菜单栏中的【图层】|【新建】|【纯色】命令，打开【纯色设置】对话框，设置【名称】为蒙版，【宽度】数值为1024像素，【高度】数值为576像素，【颜色】为黑色，如图1.35所示。

图1.35 【纯色设置】对话框

步骤14 选中"蒙版"层，按T键展开【不透明度】属性，设置【不透明度】数值为0%，如图1.36所示。

图1.36 设置【不透明度】参数

步骤15 选中"蒙版"层，选择工具栏中的【钢笔工具】 ，在合成窗口中绘制椭圆蒙版，如图1.37所示。

图1.37 绘制蒙版

步骤16 绘制完成后，将蒙版显示出来，按T键展开【不透明度】属性，设置【不透明度】数值为100%，效果如图1.38所示。

图1.38 蒙版效果

步骤17 选中"蒙版"层，设置其【模式】为【轮廓Alpha】，如图1.39所示。

图1.39 设置图层模式

步骤18 这样"绿色光环"合成就制作完成了，其中几帧动画效果如图1.40所示。

图1.40 其中几帧动画效果

1.2.2　制作星光之源合成

步骤01 执行菜单栏中的【合成】|【新建合成】命令，打开【合成设置】对话框，设置【合成名称】为星光之源，【宽度】数值为1024px，【高度】数值为576px，【帧速率】为25帧/秒，并设置【持续时间】为00:00:05:00秒。

步骤02 在【项目】面板中选择"背景.png"素材，将其拖动到"星光之源"时间线面板中，如图1.41所示。

图1.41　添加素材

步骤03 选择"背景.png"层，在【效果和预设】面板中展开【颜色校正】特效组，双击【曲线】特效，如图1.42所示。默认曲线形状如图1.43所示。

图1.42　添加【曲线】特效

图1.43　默认曲线形状

●提示

【曲线】特效可以通过调整曲线的弯曲度或复杂度来调整图像的亮区和暗区的分布情况。

步骤04 在【效果控件】面板中，从【通道】下拉列表中选择【红色】通道，调整【曲线】形状，如图1.44所示，效果如图1.45所示。

图1.44　【红色】通道曲线调整

图1.45　曲线效果

步骤05 从【通道】下拉列表中选择【蓝色】通道，调整【曲线】形状，如图1.46所示，效果如图1.47所示。

图1.46　【蓝色】通道曲线调整

图1.47 曲线效果

步骤06 执行菜单栏中的【图层】|【新建】|【纯色】命令，打开【纯色设置】对话框，设置【名称】为光线，【宽度】数值为1024像素，【高度】数值为576像素，【颜色】为黑色，如图1.48所示。

图1.48 【纯色设置】对话框

步骤07 选择"光线"层，在【效果和预设】面板中展开【杂色和颗粒】特效组，双击【分形杂色】特效，如图1.49所示。

图1.49 添加【分形杂色】特效

步骤08 在【效果控件】面板中设置【对比度】数值为300，【亮度】数值为−47；展开【变换】选项组，取消勾选【统一缩放】复选框，设置【缩放宽度】数值为7，【缩放高度】数值为1394，如图1.50所示，效果如图1.51所示。

图1.50 参数设置

图1.51 设置后效果

步骤09 在【效果控件】面板中，按Alt键的同时单击【演化】左侧的码表 ⏱ 按钮，在"星光之源"时间线面板中输入"time*500"，如图1.52所示。

图1.52 表达式设置

●提示

使用【分形杂色】特效，还可以轻松制作出各种云雾效果，并可以通过动画预置选项，制作出各种常用的动画画面。

步骤10 选择"光线"层，设置其【模式】为【屏幕】，如图1.53所示。

图1.53 图层模式设置

步骤11 调整光线颜色，在【效果和预设】面板中展开【颜色校正】特效组，双击【曲线】特效，如图1.54所示，默认曲线形状如图1.55所示。

图1.54 添加【曲线】特效

图1.55 默认曲线形状

步骤12 在【效果控件】面板中，从【通道】下拉列表中选择【RGB】通道，调整曲线形状如图1.56所示，效果如图1.57所示。

图1.56 【RGB】通道曲线调整

图1.57 RGB通道曲线效果

步骤13 从【通道】下拉列表中选择【绿色】通道，调整曲线形状如图1.58所示，效果如图1.59所示。

图1.58 【绿色】通道曲线调整

图1.59 绿色通道曲线效果

步骤14 选择"光线"层，在【效果和预设】面板中展开【风格化】特效组，双击【发光】特效，如图1.60所示，效果如图1.61所示。

图1.60 添加【发光】特效

图1.61 发光特效效果

步骤15 选中"光线"层，选择工具栏中的【矩形工具】▊，在"星光之源"合成窗口中绘制矩形蒙版，如图1.62所示。

图1.62 绘制矩形蒙版

步骤16 选中"光线"层，按F键展开【蒙版羽化】属性，设置【蒙版羽化】的数值为（45，45）像素，如图1.63所示。

图1.63 设置【蒙版羽化】参数

步骤17 选择"光线"层，在【效果和预设】面板中展开【扭曲】特效组，双击【贝塞尔曲线变形】特效，如图1.64所示，默认贝塞尔曲线变形形状如图1.65所示。

图1.64 添加【贝塞尔曲线变形】特效

图1.65 默认贝塞尔曲线变形形状

• 提示

【贝塞尔曲线变形】特效是在层的边界上沿一个封闭曲线来变形图像，图像每个角有3个控制点，角上的点为顶点，用来控制线段的位置，顶点两侧的两个点为切点，用来控制线段的弯曲曲率。

步骤18 调整贝塞尔曲线变形形状，如图1.66所示。

图1.66 调整后的形状

步骤19 执行菜单栏中的【图层】|【新建】|【纯色】命令，打开【纯色设置】对话框，设置【名称】为中间光，【宽度】数值为1024像素，【高度】数值为576像素，【颜色】为白色，如图1.67所示。

图1.67 【纯色设置】对话框

步骤20 选中"中间光"层，单击工具栏中的【矩形工具】■，在合成窗口中绘制矩形蒙版，如图1.68所示。

图1.68 绘制矩形蒙版

步骤21 选中"中间光"层，按F键展开【蒙版羽化】属性，设置【蒙版羽化】数值为（25，25）像素，如图1.69所示。

图1.69 设置【蒙版羽化】参数

步骤22 选中"中间光"层，按P键展开【位置】属性，设置【位置】数值为（568，274），如图1.70所示。

图1.70 设置【位置】参数

步骤23 为"中间光"层添加高光效果。选中"中间光"层，在【效果和预设】面板中展开【风格化】特效组，双击【发光】特效，如图1.71所示，效果如图1.72所示。

图1.71 添加【发光】特效

图1.72 发光特效效果

● **提示**

　　【发光】特效可以寻找图像中亮度比较大的区域，然后对其周围的像素进行加亮处理，从而产生发光效果。

步骤24 在【效果控件】面板中，设置【发光阈值】数值为0%，【发光半径】数值为43，从【发光颜色】下拉列表中选择【A和B颜色】，【颜色A】为黄绿色（R:228；G:255；B:2），【颜色B】为黄色（R:252；G:255；B:2），如图1.73所示，效果如图1.74所示。

图1.73 设置发光参数

图1.74 设置后的发光效果

步骤25 选中"中间光"层，将时间调整到00:00:00:00帧的位置，设置【不透明度】数值为100%，单击码表 ⊙ 按钮，在当前位置添加关键帧；将时间调整到00:00:00:02帧的位置，设置【不透明度】数值为50%，系统会自动创建关键帧，如图1.75所示。

图1.75 创建关键帧

步骤26 选中两个关键帧，按Ctrl+C组合键进行复制，将时间调整到00:00:00:04帧的位置，按Ctrl+V组合键进行粘贴；将时间调整到00:00:00:08帧的位置，按Ctrl+V组合键进行粘贴；将时间调整到00:00:00:12帧的位置，按Ctrl+V组合键进行粘贴；将时间调整到00:00:00:16帧的位置，按Ctrl+V组合键进行粘贴；将时间调整到00:00:00:20帧的位置，按Ctrl+V组合键进行粘贴；将时间调整到00:00:00:24帧的位置，按Ctrl+V组合键进行粘贴；将时间调整到00:00:01:03帧的位置，按Ctrl+V组合键进行粘贴；将时间调整到00:00:01:07帧的位置，按Ctrl+V组合键进行粘贴；将时间调整到00:00:01:11帧的位置，按Ctrl+V组合键进行粘贴；将时间调整到00:00:01:15帧的位置，按Ctrl+V组合键进行粘贴；将时间调整到00:00:01:19帧的位置，按Ctrl+V组合键进行粘贴；将时间调整到00:00:01:23帧的位置，按Ctrl+V组合键进行粘贴；将时间调整到00:00:02:02帧的位置，按Ctrl+V组合键进行粘贴；将时间调整到00:00:02:06帧的位置，按Ctrl+V组合键进行粘贴；将时间调整到00:00:02:10帧的位置，按Ctrl+V组合键进行粘贴；将时间调整到00:00:02:14帧的位置，按Ctrl+V组合键进行粘贴；将时间调整到00:00:02:18帧的位置，按Ctrl+V组合键进行粘贴；将时间调整到00:00:02:22帧的位置，设置【不透明度】数值为100%，系统会自动创建关键帧，如图1.76所示。

图1.76 关键帧设置

步骤27 在【项目】面板中选择"人物.png、绿色光环"素材，将其拖动到"星光之源"合成时间线面板中，如图1.77所示。

图1.77 添加素材

步骤28 选中"绿色光环"层，按Enter键重命名为"绿色光环1"层，如图1.78所示。

图1.78 重命名设置

步骤29 选中"绿色光环1"层，按Ctrl+D组合键复制出"绿色光环2"层，并将"绿色光环2"层的起点设置在00:00:00:19帧的位置，如图1.79所示。

图1.79 设置"绿色光环2"起点

步骤30 选中"绿色光环2"层，按Ctrl+D组合键复制出"绿色光环3"层，并将"绿色光环3"层的起点设置在00:00:01:11帧的位置，如图1.80所示。

图1.80 设置"绿色光环3"起点

步骤31 执行菜单栏中的【图层】|【新建】|【纯色】命令，打开【纯色设置】对话框，设置【名称】为Particular，【宽度】数值为1024像素，【高度】数值为576像素，【颜色】为黑色，如图1.81所示。

图1.81 【纯色设置】对话框

步骤32 选中"Particular"层，在【效果和预设】面板中展开Trapcode特效组，双击Particular（粒子）特效，如图1.82所示。

图1.82 添加【粒子】特效

步骤33 在【效果控件】面板中展开Emitter（发射器）选项组，设置Particles/sec（每秒发射的粒子数量）为90；从Emitter Type（发射器类型）下拉列表中选择Box（盒子）设置，Position XY（XY轴位置）数值为（510，414），Velocity（速度）数值为340，Emitter Size X（发射器X轴大小）数值为146，Emitter Size Y（发射器Y轴大小）数值为154，Emitter Size Z轴（发射器Z轴大小）数值为579，如图1.83所示，效果如图1.84所示。

图1.83 设置发射器参数

图1.84 粒子效果

步骤34 展开Particle（粒子）选项组，设置Life（生命）数值为1，从Particle Type（粒子类型）下拉列表中选择Star（星形），设置Color Random（颜色随机）数值为31，如图1.85所示，效果如图1.86所示。

图1.85 设置粒子参数

图1.86 粒子效果

步骤35 为了提高粒子亮度，选中"Particular"层，在【效果和预设】面板中展开【风格化】特效组，双击【发光】特效，如图1.87所示，效果如图1.88所示。

图1.87 添加【发光】特效

图1.88 默认发光效果

步骤36 在【效果控件】面板中，从【发光颜色】下拉列表中选择【A和B颜色】，如图1.89所示，此时画面效果如图1.90所示。

图1.89 设置发光参数

图1.90 发光效果

步骤37 这样"星光之源"合成就制作完成了，按小键盘上的0键预览其中几帧动画效果，如图1.91所示。

图1.91 其中几帧动画效果

1.3 飞舞的光条

• 特效解析

本例主要讲解Particular（粒子）特效的应用及【发光】特效的使用，完成的动画流程画面如图1.92所示。

图1.92 动画流程画面

• 学习目标

通过本例的制作，学习Particular（粒子）特效的参数设置及使用方法，掌握粒子制作光线的原理。

• 操作步骤

1.3.1 新建蒙版合成

步骤01 执行菜单栏中的【合成】|【新建合成】命令，打开【合成设置】对话框，设置【合成名称】为蒙版，【宽度】数值为50px，【高度】数值为50px，【帧速率】为25帧/秒，【持续时间】为00:00:04:00秒，如图1.93所示。

步骤02 执行菜单栏中的【图层】|【新建】|【纯色】命令，打开【纯色设置】对话框，设置【名称】为蒙版1，【宽度】数值为50像素，【高度】数值为50像素，【颜色】为白色，如图1.94所示。

图1.93 【合成设置】对话框

图1.94 【纯色设置】对话框

步骤03 选中"蒙版1"层，为其添加蒙版，单击工具栏中的【椭圆工具】 按钮，在"蒙版"合成窗口中绘制椭圆蒙版，如图1.95所示。

成窗口中绘制椭圆蒙版，如图1.98所示，效果如图1.99所示。

图1.98 绘制椭圆蒙版2

图1.95 绘制椭圆蒙版1

步骤04 按T键展开【不透明度】属性，设置【不透明度】数值为30%，效果如图1.96所示。

图1.96 不透明度效果

步骤05 选中"蒙版1"层，按Ctrl+D组合键复制出另一个"蒙版1"层，按Enter键重命名为"蒙版2"层，如图1.97所示。

图1.97 复制层

步骤06 选中"蒙版2"，将原有的蒙版删除掉，单击工具栏中的【椭圆工具】 按钮，在"蒙版"合

图1.99 蒙版效果

步骤07 选中"蒙版2"层，按Ctrl+D组合键复制出"蒙版3"层，如图1.100所示。

图1.100 复制层

步骤08 选中"蒙版3"层，将原有的蒙版删除掉，单击工具栏中的【椭圆工具】 ，在"蒙版"合成窗口中绘制椭圆蒙版，如图1.101所示，效果如图1.102所示。

图1.101 绘制椭圆蒙版3

图1.102 蒙版效果

步骤09 选中"蒙版3"层，按Ctrl+D组合键复制出"蒙版4"层，如图1.103所示。

图1.103 复制层

步骤10 选中"蒙版4"层，将原有的蒙版删除掉，单击工具栏中的【圆角矩形工具】按钮，在"蒙版"合成窗口中绘制圆角矩形蒙版，如图1.104所示，效果如图1.105所示。

图1.104 绘制圆角矩形蒙版1

图1.105 蒙版效果

步骤11 选中"蒙版4"层，按Ctrl+D组合键复制出"蒙版5"层，如图1.106所示。

图1.106 复制层

步骤12 选中"蒙版5"层，将原有的蒙版删除掉，单击工具栏中的【圆角矩形工具】按钮，在"蒙版"合成窗口中绘制圆角矩形蒙版，如图1.107所示，效果如图1.108所示。

图1.107 绘制圆角矩形蒙版2

图1.108 蒙版效果

步骤13 选中"蒙版5"层,按Ctrl+D组合键复制出"蒙版6"层,如图1.109所示。

图1.109 复制层

图1.110 绘制圆角矩形蒙版3

步骤14 选中"蒙版6"层,将原有的蒙版删除掉,单击工具栏中的【圆角矩形工具】█按钮,在"蒙版"合成窗口中绘制圆角矩形蒙版,如图1.110所示,效果如图1.111所示。这样就完成了"蒙版"合成的制作。

图1.111 蒙版效果

1.3.2 新建飞舞的光条合成

步骤01 执行菜单栏中的【合成】|【新建合成】命令,打开【合成设置】对话框,设置【合成名称】为飞舞的光条,【宽度】数值为1024px,【高度】数值为576px,【帧速率】为25帧/秒,【持续时间】为00:00:04:00秒,如图1.112所示。

步骤02 执行菜单栏中的【图层】|【新建】|【纯色】命令,打开【纯色设置】对话框,设置【名称】为黑背景,【宽度】数值为1024像素,【高度】数值为576像素,【颜色】为黑色,如图1.113所示。

图1.112 【合成设置】对话框

图1.113 【纯色设置】对话框

步骤03 执行菜单栏中的【图层】|【新建】|【灯光】命令，打开【灯光设置】对话框，设置【名称】为Emitter，单击【确定】按钮，灯光层会自动创建到"飞舞的光条"合成时间面板中，如图1.114所示。

图1.114 新建"Emitter"层

步骤04 选中"Emitter"层，按P键展开【位置】属性，按Alt键同时单击【位置】左侧的码表 按钮，在"飞舞的光条"时间线面板中输入"wiggle(2,100)"，如图1.115所示。

图1.115 表达式设置

步骤05 在【项目】面板中选择"蒙版"合成，将其拖动到"飞舞的光条"合成时间线面板中，如图1.116所示。

图1.116 添加合成

步骤06 选中"蒙版"层，单击显示与隐藏 按钮，将该层隐藏，如图1.117所示。

图1.117 隐藏"蒙版"层

步骤07 执行菜单栏中的【图层】|【新建】|【纯色】命令，打开【纯色设置】对话框，设置【名称】为粒子，【宽度】数值为1024像素，【高度】数值为576像素，【颜色】为黑色，如图1.118所示。

图1.118 【纯色设置】对话框

步骤08 选中"粒子"层，在【效果和预设】面板中展开Trapcode特效组，双击Particular（粒子）特效，如图1.119所示。

图1.119 添加Particular（粒子）特效

步骤09 在【效果控件】面板中展开Emitter（发射器）选项组，设置Particles/sec（粒子数量）为7380，在Emitter Type（发射类型）右侧的下拉列表中选择Light(s)（灯光发射），Velocity（速度）数值为0，Velocity Random（速度随机）数值为0，Velocity Distribution（速率分布）数值为0，Velocity from Motion（运动速度）数值为0，Emitter Size X（发射器X轴大小）数值为0，Emitter Size Y（发射器Y轴大小）数值为0，Emitter Size Z（发射器Z轴大小）数值为0，Random Seed（随机种子）数值为0，如图1.120所示，效果图1.121所示。

图1.120 设置Emitter（发射器）参数

图1.121 画面效果

步骤10 展开Particle（粒子）选项组，设置Life（生命）数值为1.5，在Particle Type（粒子类型）右侧的下拉列表中选择Sprite（幽灵）；展开Texture（纹理）选项组，在Layer（图层）右侧的下拉列表中选择"2.蒙版"，如图1.122所示，效果如图1.123所示。

图1.122 设置Particle（粒子）参数

图1.123 粒子效果

步骤11 为了调节光线颜色，执行菜单栏中的【图层】|【新建】|【调整图层】命令，系统会自动创建到"飞舞的光条"合成时间线面板中，如图1.124所示。

图1.124 创建调整图层

步骤12 选中"调整图层 1"层，按Enter键重新命名为"调节"层，如图1.125所示。

图1.125 关键帧设置

步骤13 选中"调节"层，在【效果和预设】面板中展开【颜色校正】特效组，双击【色相/饱和度】特效，如图1.126所示，效果如图1.127所示。

图1.126 添加【色相/饱和度】特效

图1.127 色相/饱和度效果图

图1.131 发光效果

步骤14 在【效果控件】面板中，勾选【彩色化】复选框，设置【着色色相】数值为-120，【着色饱和度】数值为60，如图1.128所示，效果如图1.129所示。

步骤16 在【效果控件】面板中，设置【发光阈值】数值为48，【发光半径】数值为30，【发光强度】数值为1.3，从【颜色循环】右侧的下拉列表选择【锯齿A>B】，【颜色A】与【颜色B】颜色为蓝色（R:30；G:0；B:252），如图1.132所示，效果如图1.133所示。

图1.128 设置色相/饱和度参数

图1.132 设置发光参数

图1.129 设置后效果

步骤15 选中"调节"层，在【效果和预设】面板中展开【风格化】特效组，双击【发光】特效，如图1.130所示，效果如图1.131所示。

图1.130 添加【发光】特效

图1.133 发光效果

步骤17 执行菜单栏中的【图层】|【新建】|【摄像机】命令，【预设】为15毫米，单击【确定】按

钮，系统会自动创建到"飞舞的光条"合成时间线面板中，如图1.134所示。

图1.134 创建摄像机

步骤18 选择"摄像机 1"层，按P键展开【位置】属性，设置【位置】数值为（517，149，−530），如图1.135所示。

图1.135 设置【位置】参数

步骤19 执行菜单栏中的【文件】|【导入】|【文件】命令，打开【导入文件】对话框，选择云盘下载中的"工程文件\第1章\飞舞的光条\背景.jpg"素材，单击【导入】按钮，"背景.jpg"素材将导入到【项目】面板中。

步骤20 在【项目】面板中选择"背景"素材，将其拖动到"飞舞的光条"合成时间线面板中，如图1.136所示。

图1.136 添加素材

步骤21 选中"背景"层，设置其图层模式为【屏幕】，如图1.137所示。

图1.137 设置图层模式

步骤22 选中"Emitter"层，单击显示与隐藏 👁 按钮，将该层隐藏，如图1.138所示。

图1.138 隐藏"Emitter"层

步骤23 这样就完成了"飞舞的光条"合成的制作，按小键盘上的0键预览其中几帧动画效果，如图1.139所示。

图1.139 其中几帧动画效果

视频路径
movie /2.1 魔法火焰.avi
movie /2.2 哈利魔球.avi
movie /2.3 千军万马.avi

第2章 Chapter

动漫场景特效合成

内容摘要

本章主要讲解动漫场景特效合成的制作。利用CC Particle World（CC 粒子仿真世界）特效、动荡置换等特效制作出魔法火焰与哈利魔球效果，利用粒子替代方法制作千军万马。

教学目标

☐ 了解粒子替代的制作方法

☐ CC Particle World（CC 粒子仿真世界）
特效

☐ CC Lens（CC镜头）特效

☐ 【色光】特效

2.1 魔法火焰

• 特效解析

本例主要讲解CC Particle World（CC粒子仿真世界）特效、【色光】特效的应用及蒙版工具的使用。完成的动画流程画面如图2.1所示。

• 学习目标

通过本例的制作，学习【色光】特效与【曲线】的参数设置及使用方法，掌握爆炸光的色彩调节。

• 操作步骤

2.1.1 制作烟火合成

步骤01 执行菜单栏中的【合成】||【新建合成】命令，打开【合成设置】对话框，设置【合成名称】为烟火，【宽度】数值为1024px，【高度】数值为576，【帧速率】为25帧/秒，【持续时间】为00:00:05:00秒，如图2.2所示。

图2.2 【合成设置】对话框

步骤02 执行菜单栏中的【文件】||【导入】||【文件】命令，打开【导入文件】对话框，选择云盘下载中的"工程文件\第2章\魔法火焰\烟雾.jpg、背景.jpg"素材，如图2.3所示。单击【导入】按钮，"烟雾.jpg、背景.jpg"素材将导入到【项目】面板中。

图2.3 【导入文件】对话框

步骤03 执行菜单栏中的【图层】||【新建】||【纯色】命令，打开【纯色设置】对话框，设置【名称】为白色蒙版，【宽度】数值为1024像素，【高度】数值为576像素，【颜色】为白色，如图2.4所示。

步骤04 选中"白色蒙版"层，选择工具栏中的【矩形工具】，在"烟火"合成中绘制矩形蒙版，如图2.5所示。

图2.4 【纯色设置】对话框

图2.5 绘制矩形蒙版

步骤05 在【项目】面板中选择"烟雾.jpg"素材，将其拖动到"烟火"合成时间线面板中，如图2.6所示。

图2.6 添加素材

步骤06 选中"白色蒙版"层，设置【轨道遮罩】为【亮度反转遮罩"烟雾.jpg"】，如图2.7所示，这样单独的云雾就被提出来了，效果如图2.8所示。

图2.7 通道设置

图2.8 去雾效果

2.1.2 制作中心光

步骤01 执行菜单栏中的【合成】|【新建合成】命令，打开【合成设置】对话框，设置【合成名称】为中心光，【宽度】数值为1024px，【高度】数值为576px，【帧速率】为25帧/秒，【持续时间】为00:00:05:00秒，如图2.9所示。

图2.9 【合成设置】对话框

步骤02 执行菜单栏中的【图层】|【新建】|【纯色】命令，打开【纯色设置】对话框，设置【名称】为粒子，【宽度】数值为1024像素，【高度】数值为576像素，【颜色】为黑色，如图2.10所示。

图2.10 【纯色设置】对话框

步骤03 选中"粒子"层，在【效果和预设】面板中展开【模拟】特效组，双击CC Particle World（CC粒子仿真世界）特效，如图2.11所示，效果如图2.12所示。

图2.11 添加【CC粒子仿真世界】特效

图2.12 CC粒子仿真世界效果

步骤04 在【效果控件】面板中，设置Birth Rate（生长速率）数值为1.5，Longevity（寿命）数值为1.5；展开Producer（发生器）选项组，设置Radius X（X轴半径）数值为0，Radius Y（Y轴半径）数值为0.215，Radius Z（Z轴半径）数值为0，如图2.13所示，效果如图2.14所示。

图2.13 设置Producer（发生器）参数

图2.14 设置后效果

步骤05 展开Physics（物理学）选项组，从Animation（动画）右侧的下拉列表中选择Twirl（扭转），设置Velocity（速度）数值为0.07，Gravity（重力）数值为−0.05，Extra（额外）数值为0，Extra Angle（额外角度）数值为180，如图2.15所示，效果如图2.16所示。

图2.15 设置Physics（物理学）参数

图2.16 设置后效果

步骤06 展开Particle（粒子）选项组，从Particle Type（粒子类型）右侧的下拉列表中选择Tripolygon（三角形），设置Birth Size（生长大小）数值为0.053，Death Size（消逝大小）数值为0.087，如图2.17所示，效果如图2.18所示。

图2.17 设置Particle（粒子）参数

图2.18 设置后效果

步骤07 执行菜单栏中的【图层】|【新建】|【纯色】命令,打开【纯色设置】对话框,设置【名称】为中心亮棒,【宽度】数值为1024像素,【高度】数值为576像素,【颜色】为橘黄色(R:255;G:177;B:76),如图2.19所示。

步骤08 选中"中心亮棒"层,选择工具栏中的【钢笔工具】,绘制闭合蒙版,如图2.20所示。

图2.20 绘制闭合蒙版

图2.19 【纯色设置】对话框

2.1.3 制作爆炸光

步骤01 执行菜单栏中的【合成】|【新建合成】命令,打开【合成设置】对话框,设置【合成名称】为爆炸光,【宽度】数值为1024px,【高度】数值为576px,【帧速率】为25帧/秒,并设置【持续时间】为00:00:05:00秒。

步骤02 在【项目】面板中选择"背景"素材,将其拖动到"爆炸光"合成时间线面板中,如图2.21所示。

步骤04 选中"背景粒子"层,在【效果和预设】面板中展开【模拟】特效组,双击CC Particle World(CC粒子仿真世界)特效,如图2.23所示,此时画面效果如图2.24所示。

图2.23 添加CC Particle World(CC粒子仿真世界)特效

图2.21 添加素材

步骤03 选中"背景"层,按Ctrl+D组合键复制出另一个"背景"层,按Enter键重新命名为"背景粒子"层,设置其图层模式为【相加】,如图2.22所示。

图2.22 复制层设置

图2.24 CC粒子仿真世界效果

步骤05 在【效果控件】面板中,设置Birth Rate(生长速率)数值为0.2,Longevity(寿命)数值为0.5；展开Producer（发生器）选项组，设置Position X（X轴位置）数值为−0.07，Position Y（Y轴位置）数值为0.11，Radius X（X轴半径）数值为0.155，Radius Z（Z轴半径）数值为0.115，如图2.25所示，效果如图2.26所示。

图2.25　设置Producer（发生器）参数

图2.26　设置后效果

步骤06 展开Physics（物理学）选项组，设置Velocity（速度）数值为0.37，Gravity（重力）数值为0.05，如图2.27所示，效果如图2.28所示。

图2.28　设置后效果

图2.29　设置Particle（粒子）参数

图2.30　设置后效果

步骤08 选中"背景粒子"层，在【效果和预设】面板中展开【颜色校正】特效组，双击【曲线】特效，如图2.31所示，默认曲线形状如图2.32所示。

图2.27　设置Physics（物理学）参数

步骤07 展开Particle（粒子）选项组，从Particle Type（粒子类型）下拉列表中选择Lens Convex（凸透镜），设置Birth Size（生长大小）数值为0.639，Death Size（消逝大小）数值为0.694，如图2.29所示，效果如图2.30所示。

图2.31　添加【曲线】特效

图2.32　默认曲线形状

步骤09 在【效果控件】面板中调整曲线形状，如图 2.33所示，效果如图2.34所示。

图2.33　调整曲线形状

图2.34　曲线效果

步骤10 在【项目】面板中选择"中心光"合成，将 其拖动到"爆炸光"合成时间线面板中，如图2.35 所示。

步骤11 选中"中心光"合成，设置其图层模式为 【相加】，如图2.36所示，效果图2.37所示。

图2.35　添加合成

图2.36　设置图层模式

图2.37　相加模式效果

步骤12 因为"中心光"的位置有所偏移，所以设置 【位置】数值为（471，288），如图2.38所示， 效果如图2.39所示。

图2.38　设置【位置】参数

图2.39　设置后效果

步骤13 在【项目】面板中选择"烟火"合成，将其拖动到"爆炸光"合成时间线面板中，如图2.40所示。

图2.40 添加合成

步骤14 选中"烟火"合成，设置其图层模式为【相加】，如图2.41所示，效果图2.42所示。

图2.41 设置图层模式

图2.42 相加模式效果

步骤15 按P键展开【位置】属性，设置【位置】数值为（464，378），如图2.43所示，效果图2.44所示。

图2.43 设置【位置】参数

步骤16 选中"烟火"合成，在【效果和预设】面板中展开【模拟】特效组，双击CC Particle World（CC粒子仿真世界）特效，如图2.45所示，效果如图2.46所示。

图2.44 设置后效果

图2.45 添加CC Particle World（CC粒子仿真世界）特效

图2.46 CC粒子仿真世界效果

步骤17 在【效果控件】面板中，设置Birth Rate（生长速率）数值为5，Longevity（寿命）数值为0.73；展开Producer（发生器）选项组，设置Radius X（X轴半径）数值为1.055，Radius Y（Y轴半径）数值为0.225，Radius Z（Z轴半径）数值为0.605，如图2.47所示，效果如图2.48所示。

图2.47 设置Producer（发生器）参数

图2.48 设置后效果

步骤18 展开Physics（物理学）选项组，设置 Velocity（速度）数值为1.4，Gravity（重力）数 值为0.38，如图2.49所示，效果如图2.50所示。

图2.49 设置Physics（物理学）参数

图2.50 设置后效果

步骤19 展开Particle（粒子）选项组，从Particle Type（粒子类型）下拉列表中选择Lens Convex （凸透镜），设置Birth Size（生长大小）数值为 3.64，Death Size（消逝大小）数值为4.05，Max Opacity（最大透明度）数值为51%，如图2.51所 示，效果如图2.52所示。

图2.51 设置Particle（粒子）参数

图2.52 设置后效果

步骤20 选中"烟火"合成，按S键展开【缩放】数 值为（50，50），如图2.53所示，效果如图2.54所 示。

图2.53 设置【缩放】参数

图2.54 设置后效果

步骤21 在【效果和预设】面板中展开【颜色校正】 特效组，双击【色光】特效，如图2.55所示，效果 如图2.56所示。

图2.55 添加【色光】特效

图2.56 设置后效果

步骤22 在【效果控件】面板中,展开【输入相位】选项组,从【获取相位,自】右侧的下位菜单中选择【Alpha】,如图2.57所示,效果如图2.58所示。

图2.57 设置【输入相位】选项组参数

图2.59 设置【输出循环】选项组参数

图2.60 设置后效果

步骤24 在【效果和预设】面板中展开【颜色校正】特效组,双击【曲线】特效,如图2.61所示,调整曲线形状如图2.62所示。

图2.61 添加【曲线】特效

图2.58 设置后效果

步骤23 展开【输出循环】选项组,从【使用预设调板】右侧的下拉列表中选择【无】,如图2.59所示,效果如图2.60所示。

图2.62 调整曲线形状

步骤25 在【效果控件】面板中，从【通道】下拉列表中选择【红色】，调整形状如图2.63所示。

图2.63 【红色】曲线调整

步骤26 从【通道】下拉列表中选择【绿色】，调整形状如图2.64所示。

图2.64 【绿色】曲线调整

步骤27 从【通道】下拉列表中选择【蓝色】，调整形状如图2.65所示。

步骤28 从【通道】下拉列表中选择【Alpha】通道，调整形状如图2.66所示。

图2.65 【蓝色】曲线调整

图2.66 【Alpha】曲线调整

步骤29 在【效果和预设】面板中展开【模糊和锐化】特效组，双击CC Vector Blur（CC矢量模糊）特效，如图2.67所示，此时的画面效果图2.68所示。

图2.67 添加CC Vector Blur CC（矢量模糊）特效

图2.68 CC矢量模糊特效

步骤30 在【效果控件】面板中，设置Amount【数量】数值为10，如图2.69所示，效果如图2.70所示。

图2.69 参数设置

图2.70 设置后效果

步骤31 执行菜单栏中的【图层】|【新建】|【纯色】命令，打开【纯色设置】对话框，设置【名称】为红色蒙版，【宽度】数值为1024像素，【高度】数值为576像素，【颜色】为红色（R:255；G:0；B:0），如图2.71所示。

图2.71 【纯色设置】对话框

步骤32 选择工具栏中的【钢笔工具】，绘制一个闭合蒙版，如图2.72所示。

图2.72 绘制闭合蒙版

步骤33 选中"红色蒙版"层，按F键展开【蒙版羽化】数值为（30，30）像素，如图2.73所示。

图2.73 设置【羽化蒙版】参数

步骤34 选中"烟火"合成，设置【轨道遮罩】为【Alpha遮罩"[红色蒙版]"】，如图2.74所示。

图2.74 跟踪模式设置

步骤35 执行菜单栏中的【图层】|【新建】|【纯色】命令，打开【纯色设置】对话框，设置【名称】为粒子，【宽度】数值为1024像素，【高度】数值为576像素，【颜色】为黑色，如图2.75所示。

图2.75 【纯色设置】对话框

步骤36 在【效果和预设】面板中展开【模拟】特效组，双击CC Particle World（CC粒子仿真世界）特效，如图2.76所示。

图2.76 添加CC Particle World（CC粒子仿真世界）特效

步骤37 在【效果控件】面板中，设置Birth Rate（生长速率）数值为0.5，Longevity（寿命）数值为0.8；展开Producer（发生器）选项组，设置Position Y（Y轴位置）数值为0.19，Radius X（X轴半径）数值为0.46，Radius Y（Y轴半径）数值为0.325，Radius Z（Z轴半径）数值为1.3，如图2.77所示，效果如图2.78所示。

图2.77 设置Producer（发生器）参数

图2.79 设置Physics（物理学）参数

图2.80 设置后效果

图2.81 设置Particle（粒子）参数

图2.78 设置后效果

步骤38 展开Physics（物理学）选项组，从Animation（动画）右侧的下拉列表中选择Twirl（扭转），设置Velocity（速度）数值为1，Gravity（重力）数值为−0.05，Extra Angle（额外角度）数值为1x+170，如图2.79所示，效果如图2.80所示。

步骤39 展开Particle（粒子）选项组，从Particle Type（粒子类型）右侧的下拉列表中选择QuadPolygon（四边形），设置Birth Size（生长大小）数值为0.153，Death Size（消逝大小）数值为0.077，Max Opacity（最大透明度）数值为75%，如图2.81所示，效果如图2.82所示。

图2.82 设置后效果

步骤40 这样"爆炸光"合成就制作完成了，预览其中几帧动画，如图2.83所示。

图2.83 其中几帧动画

2.1.4 制作总合成

步骤01 执行菜单栏中的【合成】|【新建合成】命令，打开【合成设置】对话框，设置【合成名称】为总合成，【宽度】数值为1024px，【高度】数值为576px，【帧速率】为25帧/秒，【持续时间】为00:00:05:00秒。

步骤02 在【项目】面板中选择"背景.jpg、爆炸光"合成，将其拖动到【总合成】时间线面板中，使其"爆炸光"合成的入点在00:00:00:05帧的位置，如图2.84所示。

图2.84 添加"背景.jpg、爆炸光"素材

步骤03 执行菜单栏中的【图层】|【新建】|【纯色】命令，打开【纯色设置】对话框，设置【名称】为闪电1，【宽度】数值为1024像素，【高度】数值为576像素，【颜色】为黑色。

步骤04 选中"闪电1"层，设置其模式为【相加】，如图2.85所示。

图2.85 图层模式设置

步骤05 选中"闪电1"层，在【效果和预设】面板中展开【过时】特效组，双击【闪光】特效，如图2.86所示，效果如图2.87所示。

图2.86 添加【闪光】特效

图2.87 闪光效果

步骤06 在【效果控件】面板中，设置【起始点】数值为（641，433），【结束点】数值为（642，434），【区段】数值为3，【宽度】数值为6，【核心宽度】数值为0.32，【外部颜色】为黄色（R:255；G:246；B:7），【内部颜色】为深黄色（R:255；G:228；B:0），如图2.88所示，效果如图2.89所示。

图2.88 参数设置

图2.89 设置后效果

步骤07 选中"闪电1"层，将时间调整到00:00:00:00帧的位置，设置【起始点】数值为（641，433），【区段】数值为3，单击各属性的码表 按钮，在当前位置添加关键帧。

步骤08 将时间调整到00:00:00:05帧的位置，设置【起始点】的值为（468，407），【区段】数值为6，系统会自动创建关键帧，如图2.90所示。

图2.90 设置关键帧

步骤09 将时间调整到00:00:00:00帧的位置，按T键展开【不透明度】属性，设置【不透明度】数值为0%，单击码表 按钮，在当前位置添加关键帧；将时间调整到00:00:00:03帧的位置，设置【不透明度】数值为100%，系统会自动创建关键帧；将时间调整到00:00:00:14帧的位置，设置【不透明度】数值为100%；将时间调整到00:00:00:16帧的位置，设置【不透明度】数值为0%，如图2.91所示。

图2.91 【不透明度】关键帧设置

步骤10 选中"闪电1"层，按Ctrl+D组合键复制出另一个"闪电1"层，并按Enter键重命名为"闪电2"，如图2.92所示。

图2.92 复制层

步骤11 在时间线面板中，设置【结束点】数值为（588，443），将时间调整到00:00:00:00帧的位

置，设置【起始点】数值为（584，448）；将时间调整到00:00:00:05帧的位置，设置【起始点】数值为（468，407），如图2.93所示。

图2.93 【起始点】关键帧设置

步骤12 选中"闪电2"层，按Ctrl+D组合键复制出另一个"闪电2"层，并按Enter键重命名为"闪电3"，如图2.94所示。

图2.94 复制层

步骤13 在时间线面板中，设置【结束点】数值为（599，461）；将时间调整到00:00:00:00帧的位置，设置【起始点】数值为（584，448）；将时间调整到00:00:00:05帧的位置，设置【起始点】数值为（459，398），如图2.95所示。

图2.95 【起始点】关键帧设置

步骤14 选中"闪电3"层，按Ctrl+D组合键复制出另一个"闪电3"层，并按Enter键重命名为"闪电4"，如图2.96所示。

图2.96 复制层

步骤15 在【效果控件】面板中，设置【结束点】数值为（593，455）；将时间调整到00:00:00:00帧的位置，设置【起始点】数值为（584，448）；将时间调整到00:00:00:05帧的位置，设置【开始点】数值为（495，398），如图2.97所示。

图2.97 【起始点】关键帧设置

步骤16 选中"闪电4"层，按Ctrl+D组合键复制出另一个"闪电4"层，并按Enter键重命名为"闪电5"，如图2.98所示。

步骤17 在时间线面板中，设置【结束点】数值为（593，455）；将时间调整到00:00:00:00帧的位置，设置【起始点】数值为（584，448）；将时间调整到00:00:00:05帧的位置，设置【起始点】数值为（466，392），如图2.99所示。

图2.98 复制层

图2.99 【起始点】关键帧设置

步骤18 这样"魔法火焰"动画就制作就完成了，按小键盘上的0键预览其中几帧效果，如图2.100所示。

图2.100 其中几帧动画效果

2.2 哈利魔球

● 特效解析

本例主要讲解CC Particle Word（CC 粒子仿真世界）特效、【湍流置换】特效及CC Lens（CC镜头）特效的使用。完成的动画流程画面如图2.101所示。

图2.101 动画流程画面

• 学习目标

通过本例的制作，学习CC Particle Word（CC 粒子仿真世界）特效的参数设置及使用方法，掌握烟雾的制作方法。

• 操作步骤

2.2.1　制作文字合成

步骤01 执行菜单栏中的【合成】|【新建合成】命令，打开【合成设置】对话框，设置【合成名称】为文字，【宽度】数值为720px，【高度】数值为576px，【帧速率】为25帧/秒，并设置【持续时间】为00:00:03:00秒，如图2.102所示。

图2.102 【合成设置】对话框

步骤02 执行菜单栏中的【图层】|【新建】|【文本】命令，在"文字"的合成窗口中输入"ha li"，设置字体为【BrowalliaUPC】，字号为【50像素】，字体颜色为白色，其他参数设置如图2.103所示。

图2.103 字体参数设置

步骤03 选中"ha li"文字层，按P键展开【位置】属性，设置【位置】数值为（146，230），如图2.104所示，效果如图2.105所示。

图2.104 设置【位置】参数

图2.105 设置后效果

图2.106 字体参数设置

步骤04 执行菜单栏中的【图层】|【新建】|【文本】命令，在"文字"的合成窗口中输入"mofa"，设置字体为【IrisUPC】，字号为【158像素】，字体颜色为白色，其他参数设置如图2.106所示。

步骤05 选中"mofa"文字层，按P键展开【位置】属性，设置【位置】数值为（190，326），效果如图2.107所示。

图2.107 设置后效果

2.2.2 制作烟雾合成

步骤01 执行菜单栏中的【合成】|【新建合成】命令，打开【合成设置】对话框，设置【合成名称】为烟雾，【宽度】数值为720px，【高度】数值为576px，【帧速率】为25帧/秒，并设置【持续时间】为00:00:03:00秒，如图2.108所示。

步骤02 执行菜单栏中的【图层】|【新建】|【纯色】命令，打开【纯色设置】对话框，设置【名称】为白背景，【颜色】为白色，如图2.109所示。

图2.108 【合成设置】对话框

图2.109 【纯色设置】对话框

步骤03 执行菜单栏中的【图层】|【新建】|【纯色】命令，打开【纯色设置】对话框，设置【名称】为点粒子，【颜色】为黑色。

步骤04 选中"点粒子"层，在【效果和预设】面板中展开【模拟】特效组，双击CC Particle World（CC 粒子仿真世界）特效，如图2.110所示，效果如图2.111所示。

图2.110 添加CC Particle World（CC 粒子仿真世界）特效

图2.111 CC粒子仿真世界效果

步骤05 在【效果控件】面板中，设置 Birth Rate（出生率）数值为0.4，Longevity（寿命）数值为8.87；展开Producer（发生器）选项组，设置Position X（X轴位置）数值为-0.43，Position Z（Z轴位置）数值为0.12，Radius Y（Y轴半径）数值为0.07，Radius Z（Z轴半径）数值为0.315，如图2.112所示。

图2.112 设置Producer（发生器）参数

步骤06 展开Physics（物理学）选项组，从Animation（动画）右侧的下拉列表中选择Direction Axis（沿轴发射），设置Gravity（重力）数值为0，Extra（追加）数值为-0.21，如图2.114所示，效果如图2.113所示。

图2.113 设置Physics（物理学）参数

步骤07 选中"点粒子"层，在时间线面板中，按住Alt键的同时单击Velocity（速度）左侧的码表按钮，在时间线面板中输入wiggle(7,.25)，如图2.114所示。

图2.114 表达式设置

步骤08 展开Particle（粒子）选项组，从Particle Type（粒子类型）右侧的下拉列表中选择Lens Convex（凸透镜），设置Birth Size（产生粒子大小）数值为0.045，Death Size（死亡粒子大小）数值为0.025，如图2.115所示。

图2.115 设置Particle（粒子）参数

步骤09 执行菜单栏中的【图层】|【新建】|【纯色】命令,打开【纯色设置】对话框,设置【名称】为扩散粒子,【颜色】为黑色。

步骤10 选中"扩散粒子"层,在【效果和预设】面板中展开【模拟】特效组,双击CC Particle World(CC 粒子仿真世界)特效,如图2.116所示,效果如图2.117所示。

图2.116 添加CC Particle World(CC 粒子仿真世界)特效

图2.117 CC粒子仿真世界效果

步骤11 在【效果控件】面板中,展开Producer(发生器)选项组,设置Position X(X轴位置)数值为-0.43,Position Z(Z轴位置)数值为0.12,Radius Y(Y轴半径)数值为0.12,Radius Z(Z轴半径)数值为0.315,如图2.118所示,效果如图2.119所示。

效果控件 扩散粒子	
烟雾 • 扩散粒子	
► Longevity (sec)	1.00
▼ Producer	
► Position X	-0.43
► Position Y	0.00
► Position Z	0.12
► Radius X	0.025
► Radius Y	0.120
► Radius Z	0.315

图2.118 设置Producer(发生器)参数

图2.119 设置后效果

步骤12 展开Physics(物理学)选项组,从Animation(动画)右侧的下拉列表中选择Direction Axis(沿轴发射)运动效果,设置Gravity(重力)数值为0,Extra(追加)数值为-0.21,如图2.120所示,效果如图2.121所示。

效果控件 扩散粒子	
烟雾 • 扩散粒子	
▼ Physics	
Animation	Direction Axis
► Velocity	1.00
► Inherit Velocity	0.0
► Gravity	0.000
► Resistance	0.0
► Extra	-0.21
► Extra Angle	1x +0.0°

图2.120 设置Physics(物理学)参数

图2.121 设置后效果

步骤13 选中"扩散粒子"层,在时间线面板中,按住Alt键的同时单击Velocity(速度)左侧的码表按钮,在时间线面板中输入wiggle(7,.25),如图2.122所示。

图2.122 表达式设置

步骤14 展开Particle（粒子）选项组，从Particle Type（粒子类型）右侧的下拉列表中选择Lens Convex（凸透镜），如图2.123所示，效果如图2.124所示。

图2.123 设置Particle（粒子）参数

图2.124 设置后效果

步骤15 为了使粒子达到模糊效果，继续添加特效。选中"扩散粒子"层，在【效果和预设】面板中展开【模糊和锐化】特效组，双击【快速模糊】特效，如图2.125所示。

步骤16 在【效果控件】面板中，设置【模糊度】数值为45，效果如图2.126所示。

图2.125 添加【快速模糊】特效

图2.126 设置后效果

步骤17 为了使粒子产生一些扩散线条的效果，在【效果和预设】面板中展开【模糊和锐化】特效组，然后双击CC Vector Blur（CC矢量模糊）特效，如图2.127所示。

步骤18 设置Amount（数量）数值为91，从Property（参数）右侧的下拉列表中选择Alpha（Alpha通道）选项，如图2.128所示。

图2.127 添加CC Vector Blur（CC 矢量模糊）特效

图2.128 参数设置

步骤19 执行菜单栏中的【图层】|【新建】|【纯色】命令，打开【纯色设置】对话框，设置【名称】为线粒子，【颜色】为黑色。

步骤20 选中"线粒子"层，在【效果和预设】面板中展开【模拟】特效组，双击CC Particle World（CC 粒子仿真世界）特效，如图2.129所示，效果如图2.130所示。

图2.129 添加CC Particle World（CC 粒子仿真世界）特效

图2.130 CC粒子仿真世界效果

步骤21 在【效果控件】面板中展开Producer（发生器）选项组，设置Position X（X轴位置）数值为−0.43，Position Z（Z轴位置）数值为0.12，Radius Y（Y轴半径）数值为0.01，Radius Z（Z轴半径）数值为0.315，如图2.131所示，效果如图2.132所示。

图2.131 设置Producer（发生器）参数

图2.132 设置后效果

步骤22 展开Physics（物理学）选项组，从Animation（动画）右侧的下拉列表中选择Direction Axis（沿轴发射）运动效果，设置Gravity（重力）数值为0，Extra（追加）数值为−0.21，如图2.133所示，效果如图2.134所示。

图2.133 设置Physics（物理学）参数

图2.134 设置后效果

步骤23 选中"扩散粒子"层，在时间线面板中，按住Alt键的同时单击Velocity（速度）左侧的码表 按钮，在时间线面板中输入wiggle(7,.25)，如图2.135所示。

图2.135 表达式设置

步骤24 展开Particle（粒子）选项组，从Particle Type（粒子类型）右侧的下拉列表中选择Lens Convex（凸透镜），如图2.136所示，效果如图2.137所示。

图2.136 设置Particle（粒子）参数

图2.137 设置后效果

步骤25 为了使粒子达到模糊效果，继续添加特效。选中"线粒子"层，在【效果和预设】面板中展开【模糊和锐化】特效组，双击【快速模糊】特效，如图2.138所示。

步骤26 在【效果控件】面板中，设置【模糊度】数值为22，效果如图2.139所示。

图2.138 添加【快速模糊】特效

图2.139 设置后效果

步骤27 为了使粒子产生一些扩散线条的效果，在【效果和预设】面板中展开【模糊和锐化】特效组，双击CC Vector Blur（CC矢量模糊）特效，如图2.140所示。

图2.140 添加CC Vector Blur（CC 矢量模糊）特效

步骤28 设置Amount（数量）数值为23，从Property（参数）右侧的下拉列表中选择Alpha（Alpha通道）选项，如图2.141所示。

图2.141 参数设置

步骤29 执行菜单栏中的【图层】|【新建】|【摄像机】命令，【预设】为50毫米，打开【摄像机设置】对话框，单击【确定】按钮，如图2.142所示。

步骤30 选中"摄像机1"层，按P键展开【位置】属性，设置【位置】数值为（606，155，−738），如图2.143所示。

图2.142 摄像机设置

图2.143 参数设置

步骤31 这样就完成了"烟雾"合成的制作，其中几帧动画效果如图2.144所示。

图2.144 其中几帧动画效果

2.2.3 制作小合成

步骤01 执行菜单栏中的【合成】|【新建合成】命令，打开【合成设置】对话框，设置【合成名称】为小合成，【宽度】数值为720px，【高度】数值为576px，【帧速率】为25，【持续时间】为00:00:03:00秒，如图2.145所示。

步骤02 执行菜单栏中的【图层】|【新建】|【纯色】命令，打开【纯色设置】对话框，设置【名称】为黑背景，【颜色】为黑色，如图2.146所示。

图2.145 【合成设置】对话框

图2.146 【纯色设置】对话框

步骤03 将【项目】面板中"文字"合成拖动到"小合成"时间线面板中，如图2.147所示。

图2.147 添加合成

步骤04 将时间调整到00:00:00:20帧的位置，选中"文字"合成，按T展开【不透明度】属性，设置【不透明度】数值为0%，单击码表 按钮，在当前位置添加关键帧；将时间调整到00:00:01:09帧的位置，设置【不透明度】数值为100%，如图2.148所示。

图2.148 关键帧设置

步骤05 给"文字"合成添加特效，在【效果和预设】面板中展开【扭曲】特效组，双击【湍流置换】特效，如图2.149所示，效果如图2.150所示。

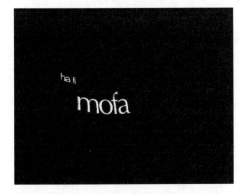

图2.149 添加【湍流置换】特效

图2.150 湍流置换效果

步骤06 在【效果控件】面板中，设置【大小】数值为24，如图2.151所示，效果如图2.152所示。

图2.151 设置【大小】参数

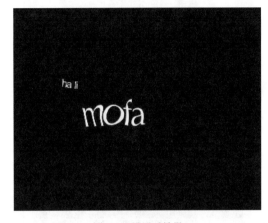

图2.152 设置后效果

步骤07 将时间调整到00:00:01:10帧的位置，选中"文字"合成，设置【数量】数值为50，单击码表 按钮，在当前位置添加关键帧；将时间调整到00:00:01:24帧的位置，设置【数量】数值为0，按F9键，使关键帧更平滑，如图2.153所示。

图2.153 关键帧设置

步骤08 在时间线面板中，按住Alt键的同时单击【演化】左侧的码表 按钮，在时间线面板中输入time*500，如图2.154所示。

图2.154 表达式设置

步骤09 为了使文字具有发光效果，在【效果和预设】面板中展开【风格化】特效组，双击【发光】特效，如图2.155所示，效果如图2.156所示。

图2.155 添加【发光】特效

图2.156 发光效果

步骤10 在【效果控件】面板中，设置【发光半径】数值为16，如图2.157所示，效果如图2.158所示。

图2.158 设置后效果

图2.159 添加【快速模糊】特效

步骤12 将时间调整到00:00:01:02帧的位置，设置【模糊度】数值为16，单击码表 按钮，在当前位置添加关键帧；将时间调整到00:00:01:07帧的位置，设置【模糊度】数值为0，系统会自动创建关键帧，如图2.160所示。

图2.160 关键帧设置

步骤13 将【项目】面板中"烟雾"合成拖动到"小合成"时间线面板中，如图2.161所示。

图2.161 添加合成

步骤14 选中"烟雾"合成，在【效果和预设】面板中展开【通道】特效组，双击【反转】特效，如图2.162所示，不更改任何数值，效果如图2.163所示。

图2.157 设置【发光半径】参数

步骤11 为了使文字具有模糊效果，在【效果和预设】面板中展开【模糊和锐化】特效组，双击【快速模糊】特效，如图2.159所示。

图2.162 添加【反转】特效

图2.163 反转效果

步骤15 设置"烟雾"合成的图层模式为【屏幕】，如图2.164所示。

图2.164 图层模式设置

步骤16 为了使"烟雾"具有色彩感，执行菜单栏中的【图层】|【新建】|【纯色】命令，打开【纯色设置】对话框，设置【名称】为渐变层，【颜色】为黑色，如图2.165所示。

图2.165 【纯色设置】对话框

步骤17 选中"渐变层"，在【效果和预设】面板中展开【生成】特效组，双击【梯度渐变】特效，如图2.166所示。

图2.166 添加【梯度渐变】特效

步骤18 在【效果控件】面板中，设置【渐变起点】数值为（355，278），【起始颜色】为粉红色（R:243；G:112；B:112），【渐变终点】数值为（375，732），【结束颜色】为青色（R:77；G:211；B:235），从【渐变形状】右侧的下拉列表中选择【径向渐变】，如图2.167所示，效果如图2.168所示。

图2.167 参数设置

图2.168 设置后效果

步骤19 设置"渐变层"的图层模式为【颜色加深】，如图2.169所示，效果如图2.170所示。

图2.169 图层模式设置

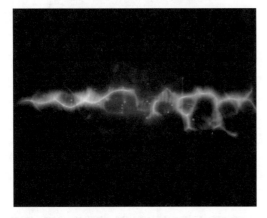

图2.170 颜色加深模式效果

步骤20 执行菜单栏中的【图层】|【新建】|【纯色】命令，打开【纯色设置】对话框，设置【名称】为圆蒙版，【颜色】为粉色（R:254；G:97；B:97），如图2.171所示。

步骤21 选中"圆蒙版"层，选择工具栏中的【椭圆工具】，在"小合成"合成窗口中绘制一个正圆蒙板，如图2.172所示。

图2.171 【纯色设置】对话框

 ● 提示

选择工具栏中任何绘制蒙版工具，按Shift键都可绘制出正圆、正方形等正的图形。

图2.172 绘制正圆蒙版

步骤22 选中"蒙版1"层，按Ctrl+D组合键复制出"蒙版2"层，设置"蒙版2"模式为【相减】，如图2.173所示。

图2.173 蒙版设置

步骤23 选中"蒙版2"层，按F键展开【蒙版羽化】属性，设置"蒙版2"【蒙版羽化】数值为（70，70），如图2.174所示。

图2.174 设置【蒙版羽化】参数

步骤24 这样就完成了"小合成"的制作，预览其中几帧动画，如图2.175所示。

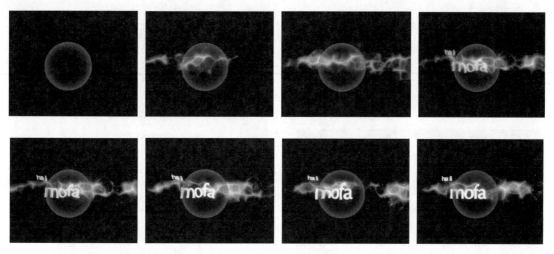

图2.175 其中几帧动画效果

2.2.4 制作总合成

步骤01 执行菜单栏中的【合成】|【新建合成】命令，打开【合成设置】对话框，设置【合成名称】为总合成，【宽度】数值为1024px，【高度】数值为576px，【帧速率】为25帧/秒，【持续时间】为00:00:03:00秒，如图2.176所示。

步骤02 执行菜单栏中的【文件】|【导入】|【文件】命令，打开【导入文件】对话框，选择云盘下载中的"工程文件\第2章\哈利魔球\背景.jpg"素材，如图2.177所示。单击【导入】按钮，素材将导入到【项目】面板中。

图2.177 【导入文件】对话框

步骤03 从【项目】面板拖动"背景.jpg"素材到"总合成"时间线面板中，如图2.178所示。

图2.178 添加素材

图2.176 【合成设置】对话框

步骤04 选中"背景"层，在【效果和预设】面板中展开【颜色校正】特效组，双击【色相/饱和度】特效，如图2.179所示，效果如图2.180所示。

图2.179 添加【色相/饱和度】特效

图2.180 色相/饱和度效果

步骤05 在【效果控件】面板中，设置【主色相】数值为22，如图2.181所示，效果如图2.182所示。

图2.181 设置【主色相】参数

图2.182 设置后效果

步骤06 从【项目】面板拖动"小合成"合成到"总合成"时间线面板中，如图2.183所示。

图2.183 添加合成

步骤07 选中"小合成"合成，在【效果和预设】面板中展开【扭曲】特效组，双击CC Lens（CC镜头）特效，如图2.184所示，效果如图2.185所示。

图2.184 添加CC Lens（CC镜头）特效

图2.185 CC镜头效果

步骤08 在【效果控件】面板中，设置Center（中心）数值为（332，294），【大小】数值为29，如图2.186所示，效果如图2.187所示。

图2.186 参数设置

图2.187 设置后效果

步骤09 选中"小合成"合成，在【效果和预设】面板中展开【颜色校正】特效组，双击【色相/饱和度】特效，如图2.188所示，效果如图2.189所示。

图2.188 添加【色相/饱和度】特效

图2.189 色相/饱和度效果

步骤10 在【效果控件】面板中，设置【主色相】数值为62，如图2.190所示，效果如图2.191所示。

图2.190 设置【主色相】参数

图2.191 设置后效果

步骤11 选中"小合成"层，按P键展开【位置】属性，设置【位置】数值为（298，422），按S键展开【缩放】属性，设置【缩放】数值为（53，53），如图2.192所示。

图2.192 参数设置

步骤12 将时间调整到00:00:00:07帧的位置，展开【不透明度】属性，设置【不透明度】数值为0%，单击码表 按钮，在当前位置添加关键帧；将时间调整到00:00:00:09帧的位置，设置【不透明度】数值为100%，如图2.193所示。

图2.193 关键帧设置

步骤13 这样就完成了"哈利魔球"动画的制作，按小键盘上的0键进行预览，其中几帧动画效果如图2.194所示。

图2.194 其中几帧动画效果

2.3 千军万马

● 特效解析

本例主要讲解Particular（粒子）特效的应用及蒙版的使用，完成的动画流程画面如图2.195所示。

图2.195 动画流程画面

● 学习目标

通过本例的制作，学习Particular（粒子）特效的参数设置及使用方法，掌握粒子替代的制作。

● 操作步骤

2.3.1 制作粒子替代合成

步骤01 执行菜单栏中的【合成】|【新建合成】命令，打开【合成设置】对话框，设置【合成名称】为粒子替代，【宽度】数值为1024px，【高度】数值为576px，【帧速率】为25帧/秒，并设置【持续时间】为00:00:05:00秒，如图2.196所示。

图2.196 【合成设置】对话框

步骤02 执行菜单栏中的【文件】|【导入】|【文件】命令，打开【导入文件】对话框，选择云盘

下载中的"工程文件\第2章\千军万马\背景.jpg、马.png"素材，如图2.197所示。单击【导入】按钮，"背景.jpg、马.png"素材将导入到【项目】面板中。

图2.197 【导入文件】对话框

步骤03 为了操作方便，执行菜单栏中的【图层】|【新建】|【纯色】命令，打开【纯色设置】对话框，设置【名称】为背景，【宽度】数值为1024像素，【高度】数值为576像素，【颜色】为黑色。

步骤04 在【项目】面板中选择"马.png"素材，将其拖动到"粒子替代"合成时间线面板中，如图2.198所示。

图2.198 添加素材

步骤05 执行菜单栏中的【图层】|【新建】|【纯色】命令，打开【纯色设置】对话框，设置【名称】为粒子替代1，【宽度】数值为1024像素，【高度】数值为576像素，【颜色】为黑色，如图2.199所示。

步骤06 选中"粒子替代1"层，在【效果和预设】面板中展开Trapcode特效组，双击Particular（粒子）特效，如图2.200所示。

图2.199 【纯色设置】对话框

图2.200 添加Particular（粒子）特效

步骤07 在【效果控件】面板中展开Emitter（发射器）选项组，设置Particles/sec（粒子数量）为

10，在Emitter Type（发射类型）右侧的下拉列表中选择Box（盒子），设置Position XY（XY轴位置）数值为（260，207），Velocity Random（速度随机）数值为0，Velocity Distribution（速率分布）数值为0，Velocity from Motion（运动速度）数值为0，Emitter Size X（发射器X轴大小）数值为315，Emitter Size Y（发射器Y轴大小）数值为110，Emitter Size Z（发射器Z轴大小）数值为498，如图2.201所示，效果如图2.202所示。

图2.201 设置Emitter（发射器）参数

图2.202 设置后效果

步骤08 展开Particle（粒子）选项组，设置Life（生命）数值为3，在Particle Type（粒子类型）右侧的下拉列表中选择Sprite（幽灵）；展开Tuxture（纹理）选项组，在Layer（图层）右侧的下拉列表中选择【2.马.png】，Size（大小）数值为88，Size Random（大小随机）数值为0，Opacity（不透明度）数值为100，Opacity Random（不透明随机）数值为0，如图2.203所示，效果如图2.204所示。

图2.203 设置Particle（粒子）参数

图2.204 设置后效果

步骤09 展开Physics（物理学）选项组，将时间调整到00:00:02:15帧的位置，设置Physics Time Factor（物理时间因素）数值为1，单击码表按钮，在当前位置添加关键帧；将时间调整到00:00:02:16帧的位置，设置Physics Time Factor（物理时间因素）数值为0，如图2.205所示。

图2.205 关键帧设置

步骤10 选中"粒子替代1"层，打开三维层按钮，按P键展开【位置】属性，设置【位置】数值为（18，161，1860），按S键展开【缩放】属性，设置【缩放】数值为（128，128，128）%，如图2.206所示。

图2.206 参数设置

步骤11 选中"背景"层，将该层删除，如图2.207所示。

图2.207 删除"背景"层

步骤12 选中"粒子替代1"层，按Ctrl+D组合键复制出另一个"粒子替代1"层，按Enter键重命名为"粒子替代2"，如图2.208所示。

图2.208 复制层

步骤13 选中"粒子替代2"层，按P键展开【位置】，设置【位置】数值为（-165，-14，2952），按S键展开【缩放】属性，取消【约束比例】，设置【缩放】数值为（-128，128，128）%，如图2.209所示。

图2.209 参数设置

步骤14 选中"马.png"层，单击显示与隐藏按钮，将该层隐藏，如图2.210所示。

图2.210 隐藏"马.png"层

步骤15 执行菜单栏中的【图层】|【新建】|【纯色】命令，打开【纯色设置】对话框，设置【名称】为地面阴影，【宽度】数值为1024像素，【高度】数值为576像素，【颜色】为黑色，如图2.211所示。

图2.211 【纯色设置】对话框

步骤16 选中"地面阴影"层，按T键展开【不透明度】属性，设置【不透明度】数值为65%，如图2.212所示。

图2.212 【不透明度】属性设置

步骤17 选中"地面阴影"层，选择工具栏中的【椭圆工具】，在合成窗口中绘制椭圆蒙版，如图2.213所示。

图2.213 绘制椭圆蒙版

步骤18 选中"蒙版 1"层，按F键展开【蒙版羽化】属性，设置【蒙版羽化】数值为（50，50）像素，如图2.214所示。

图2.214 设置【蒙版羽化】参数

步骤19 按照上面的方法，绘制出7个椭圆蒙版，如图2.215所示。

图2.215 绘制椭圆蒙版

步骤20 选中"地面阴影"层，将该层拖动到"粒子替代1"层的下方，作为马的阴影，如图2.216所示。

图2.216 层设置

2.3.2 制作烟土合成

步骤01 执行菜单栏中的【合成】|【新建合成】命令，打开【合成设置】对话框，设置【合成名称】为烟土，【宽度】数值为1024px，【高度】数值为576px，【帧速率】为25帧/秒，并设置【持续时间】为00:00:05:00秒，如图2.217所示。

步骤02 为了便于观看，执行菜单栏中的【图层】|【新建】|【纯色】命令，打开【纯色设置】对话框，设置【名称】为背景，【宽度】数值为1024像素，【高度】数值为576像素，【颜色】为黑色，如图2.218所示。

步骤03 执行菜单栏中的【图层】|【新建】|【纯色】命令，打开【纯色设置】对话框，设置【名称】为"粒子"，【宽度】数值为1024像素，【高度】数值为576像素，【颜色】为黑色，如图2.219所示。

步骤04 选中"粒子"层，在【效果和预设】面板中展开Trapcode特效组，双击Particular（粒子）特效，如图2.220所示。

图2.217 【合成设置】对话框

图2.219 【纯色设置】对话框

图2.220 添加Particular（粒子）特效

步骤05 在【效果控件】面板中展开Emitter（发射器）选项组，设置Particles/sec（粒子数量）为20，在Emitter Type（发射类型）右侧的下拉列表中选择Box（盒子），设置Position XY（XY轴位置）数值为（52，312），Emitter Size X（发射器X轴大小）数值为583，Emitter Size Y（发射器Y轴大小）数值为416，Emitter Size Z（发射器Z轴大小）数值为361，如图2.221所示，效果如图2.222所示。

图2.218 【纯色设置】对话框

图2.221 设置Emitter（发射器）参数

图2.222 设置后效果

步骤06 展开Particle（粒子）选项组，设置Life（生命）数值为3，在Particle Type（粒子类型）右侧的下拉列表中选择Cloudlet（云），Size（大小）数值为60，Size Random（大小随机）数值为16，Opacity（不透明度）数值为10，Opacity

Random（不透明随机）数值为100，Color（颜色）为灰色（R:122；G:122；B:122），如图2.223所示，将"背景"层删除掉，此时效果如图2.224所示。

图2.223 设置Particle（粒子）参数

图2.224 设置后效果

2.3.3 制作总合成

步骤01 执行菜单栏中的【合成】|【新建合成】命令，打开【合成设置】对话框，设置【合成名称】为总合成，【宽度】数值为1024px，【高度】数值为576px，【帧速率】为25帧/秒，并设置【持续时间】为00:00:05:00秒。

步骤02 在【项目】面板中选择"背景、烟土、粒子替代"素材，将其拖动到"总合成"时间线面板中，如图2.225所示。

图2.225 添加素材

步骤03 选中"烟土"层，选择工具栏中的【钢笔工具】，在"总合成"窗口中绘制闭合蒙版，如图

2.226所示。

图2.226 绘制闭合蒙版

步骤04 选中"蒙版 1"层，按F键展开【蒙版羽化】属性，设置【蒙版羽化】数值为（100，100）像素，效果如图2.227所示。

图2.227 蒙版羽化效果

步骤05 选中"粒子替代"层，将时间调整到00:00:02:16帧的位置，按Alt+[组合键设置入点为当前位置，将时间调整到00:00:00:00帧的位置，按[键设置入点为当前位置，如图2.228所示。

图2.228 入点设置

步骤06 选中"粒子替代"层，选择工具栏中的【钢笔工具】，在"总合成"窗口中绘制闭合蒙版，如图2.229所示。

图2.229 绘制闭合蒙版

步骤07 这样就完成了"千军万马"动画的制作，按小键盘上的0键预览其中几帧动画，如图2.230所示。

图2.230 其中几帧动画效果

第**3**章
Chapter

视频路径
movie /3.1 魔戒.avi
movie /3.2 烟雾人.avi
movie /3.3 魔法师的火球.avi

动漫影视魔幻特效合成

内容摘要

　　本章主要讲解影视魔幻特效合成的制作。利用粒子特效与动荡置换特效制作出魔戒中光线效果，掌握CC 矢量模糊特效的使用，利用文字动画的设置制作出数字人物。

教学目标

- 了解粒子的应用
- CC Vector Blur（CC 矢量模糊）特效
- 3D Stroke（3D笔触）特效

3.1 魔戒

● 特效解析

　　本例主要讲解CC Particle World（CC 粒子仿真世界）特效、【快速模糊】特效、【网格变形】特效及CC Vector Blur（CC 矢量模糊）特效的使用。完成的动画流程画面如图3.1所示。

图3.1 动画流程画面

● 学习目标

通过本例的制作，学习CC Particle Word（CC 粒子仿真世界）特效的参数设置及CC Vector Blur（CC 矢量模糊）特效的使用方法，掌握光线的制作方法。

● 操作步骤

3.1.1 制作光线合成

步骤01 执行菜单栏中的【合成】|【新建合成】命令，打开【合成设置】对话框，设置【合成名称】为光线，【宽度】数值为1024px，【高度】数值为576px，【帧速率】为25帧/秒，并设置【持续时间】为00:00:03:00秒，如图3.2所示。

图3.2 【合成设置】对话框

步骤02 执行菜单栏中的【图层】|【新建】|【纯色】命令，打开【纯色设置】对话框，设置【名称】为黑背景，【颜色】为黑色，如图3.3所示。

图3.3 【纯色设置】对话框

步骤03 执行菜单栏中的【图层】|【新建】|【纯色】命令，打开【纯色设置】对话框，设置【名称】为内部线条，【颜色】为白色，如图3.4所示。

图3.4 【纯色设置】对话框

步骤04 选中"内部线条"层，在【效果和预设】面板中展开【模拟】特效组，双击CC Particle World（CC 粒子仿真世界）特效，如图3.5所示。

图3.5 添加CC Particle World（CC 粒子仿真世界）特效

步骤05 【效果控件】面板中，设置 Birth Rate（出生率）数值为0.8，Longevity（寿命）数值为1.29；展开Producer（发生器）选项组，设置Position X（X轴位置）数值为−0.45，Position Z（Z轴位置）数值为0，Radius Y（Y轴半径）数值为0.02，Radius Z（Z轴半径）数值为0.195，如

图3.6所示，效果如图3.7所示。

图3.6 设置Producer（发生器）参数

图3.7 设置后效果

步骤06 展开Physics（物理学）选项组，从Animation（动画）右侧的下拉列表中选择Direction Axis（沿轴发射），设置Gravity（重力）数值为0，如图3.8所示，效果如图3.9所示。

图3.8 设置Physics（物理学）参数

图3.9 设置后效果

步骤07 选中"内部线条"层，在时间线面板中，按住Alt键的同时单击Velocity（速度）左侧的码表按钮，在时间线面板中输入wiggle(8,.25)，如图3.10所示。

图3.10 表达式设置

步骤08 展开Particle（粒子）选项组，从Particle Type（粒子类型）右侧下拉列表中选择Lens Convex（凸透镜）类型，设置Birth Size（产生粒子大小）数值为0.21，Death Size（死亡粒子大小）数值为0.46，如图3.11所示，效果如图3.12所示。

图3.11 设置Particle（粒子）参数

图3.12 设置后效果

步骤09 为了使粒子达到模糊效果，继续添加特效。选中"内部线条"层，在【效果和预设】面板中展开【模糊和锐化】特效组，双击【快速模糊】特效，如图3.13所示。

步骤10 【效果控件】面板中，设置【模糊度】数值为41，效果如图3.14所示。

图3.13 添加【快速模糊】特效

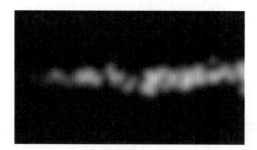

图3.14 设置后效果

步骤11 为了使粒子产生一些扩散线条的效果，在【效果和预设】面板中展开【模糊和锐化】特效组，然后双击CC Vector Blur（CC矢量模糊）特效，如图3.15所示。

图3.15 添加CC Vector Blur（CC矢量模糊）特效

步骤12 设置Amount（数量）数值为88，从Property（参数）右侧的下拉列表中选择Alpha（Alpha通道）选项，如图3.16所示。

图3.16 参数设置

步骤13 这样"内部线条"就制作完成了，下面来制作分散线条。执行菜单栏中的【图层】|【新建】|【纯色】命令，打开【纯色设置】对话框，设置【名称】为分散线条，【颜色】为白色，如图3.17所示。

图3.17 【纯色设置】对话框

步骤14 选中"分散线条"层，在【效果和预设】面板中展开【模拟】特效组，双击CC Particle World（CC 粒子仿真世界）特效，如图3.18所示。

图3.18 添加CC Particle World（CC 粒子仿真世界）特效

步骤15 【效果控件】面板中，设置 Birth Rate（出生率）数值为1.7，Longevity（寿命）数值为1.17；展开Producer（发生器）选项组，设置Position X（X轴位置）数值为−0.36，Position Z（Z轴位置）数值为0，Radius Y（Y轴半径）数值为0.22，Radius Z（Z轴半径）数值为0.015，如图3.19所示，效果如图3.20所示。

图3.19　设置Producer（发生器）参数

图3.20　设置后效果

步骤16 展开Physics（物理学）选项组，从Animation（动画）右侧的下拉列表中选择Direction Axis（沿轴发射），设置Gravity（重力）数值为0，如图3.21所示，效果如图3.22所示。

图3.21　设置Physics（物理学）参数

图3.22　设置后效果

步骤17 选中"内部线条"层，在时间线面板中，按住Alt键的同时单击Velocity（速度）左侧的码表按钮，在时间线面板中输入wiggle(8,.4)，如图3.23所示。

图3.23　表达式设置

步骤18 展开Particle（粒子）选项组，从Particle Type（粒子类型）右侧的下拉列表中选择Lens Convex（凸透镜），设置Birth Size（产生粒子大小）数值为0.1，Death Size（死亡粒子大小）数值为0.1，Size Variation（大小随机）数值为61%，Max Opacity（最大透明度）数值为100%，如图3.24所示，效果如图3.25所示。

图3.24　设置Particle（粒子）参数

图3.25 设置后效果

步骤19 为了使粒子达到模糊效果，继续添加特效。选中"分散线条"层，在【效果和预设】面板中展开【模糊和锐化】特效组，双击【快速模糊】特效，如图3.26所示。

图3.26 添加【快速模糊】特效

步骤20 在【效果控件】面板中，设置【模糊度】数值为40，效果如图3.27所示。

图3.27 设置后效果

步骤21 为了使粒子产生一些扩散线条的效果，在【效果和预设】面板中展开【模糊和锐化】特效组，然后双击CC Vector Blur（CC矢量模糊）特效，如图3.28所示。

图3.28 添加CC Vector Blur（CC 矢量模糊）特效

步骤22 设置Amount（数量）数值为25，从Property（参数）右侧的下拉列表中选择Alpha（Alpha通道）选项，参数图3.29所示。

图3.29 参数设置

步骤23 执行菜单栏中的【图层】|【新建】|【纯色】命令，打开【纯色设置】对话框，设置【名称】为点光，【颜色】为白色，如图3.30所示。

图3.30 【纯色设置】对话框

步骤24 选中"点光"层，在【效果和预设】面板中展开【模拟】特效组，然后双击CC Particle World（CC 粒子仿真世界）特效，如图3.31所示。

图3.31 添加CC Particle World（CC粒子仿真世界）特效

步骤25 在【效果控件】面板中，设置 Birth Rate（出生率）数值为0.1，Longevity（寿命）数值为2.79；展开Producer（发生器）选项组，设置Position X（X轴位置）数值为-0.45，Position Z（Z轴位置）数值为0，Radius Y（Y轴半径）数值为0.03，Radius Z（Z轴半径）数值为0.195，如图3.32所示，效果如图3.33所示。

图3.32 设置Producer（发生器）参数

图3.33 设置后效果

步骤26 展开Physics（物理学）选项组，从Animation（动画）右侧的下拉列表中选择Direction Axis（沿轴发射），设置Velocity（速度）数值为0.25，Gravity（重力）数值为0，如图3.34所示，效果如图3.35所示。

图3.34 设置Physics（物理学）参数

图3.35 设置后效果

步骤27 展开Particle（粒子）选项组，从Particle Type（粒子类型）右侧的下拉列表中选择Lens Convex（凸透镜），设置Birth Size（产生粒子大小）数值为0.04，Death Size（死亡粒子大小）数值为0.02，如图3.36所示，效果如图3.37所示。

图3.36 设置Particle（粒子）参数

图3.37 设置后效果

步骤28 选中"点光"层，将时间调整到00:00:00:22帧的位置，按Alt+[组合键以当前时间为入点，将其入点调整到开始位置，如图3.38所示。

图3.38 设置层入点

步骤29 拖动"点光"层后面边缘，使其与"分散线条"的尾部对齐，如图3.39所示。

图3.39 层设置

步骤30 将时间调整到00:00:00:00帧的位置，选中"点光"层，按T键展开Opacity（不透明度）属性，设置Opacity（不透明度）数值为0，单击码表 ⏱ 按钮，在当前位置添加关键帧；将时间调整到00:00:00:09帧的位置，设置Opacity（不透明度）数值为100%，系统会自动创建关键帧，如图3.40所示。

图3.40 关键帧设置

步骤31 执行菜单栏中的【图层】|【新建】|【调整图层】命令，创建"调整图层 1"层，如图3.41所示。

图3.41 新建"调整图层1"层

步骤32 选中"调整图层1"层，在【效果和预设】面板中展开【扭曲】特效组，双击【网格变形】特

效，如图3.42所示，效果如图3.43所示。

图3.42 添加【网格变形】特效

图3.43 网格变形效果

步骤33 在【效果控件】面板中，设置【行数】数值为4，【列数】数值为4，如图3.44所示，调整网格形状如图3.45所示。

图3.44 参数设置

图3.45 调整后的效果

步骤34 这样"光线"合成就制作完成了，按小键盘上的0键预览其中几帧动画效果，如图3.46所示。

图3.46　其中几帧动画效果

3.1.2　制作蒙版合成

步骤01 执行菜单栏中的【合成】|【新建合成】命令，打开【合成设置】对话框，设置【合成名称】为蒙版合成，【宽度】数值为1024px，【高度】数值为576px，【帧速率】为25帧/秒，并设置【持续时间】为00:00:03:00秒，如图3.47所示。

图3.47　【合成设置】对话框

步骤02 执行菜单栏中的【文件】|【导入】|【文件】命令，打开【导入文件】对话框，选择云盘下载中的"工程文件\第3章\魔戒\背景.jpg"素材，如图3.48所示。单击【导入】按钮，素材将导入到【项目】面板中。

步骤03 从【项目】面板拖动"背景.jpg、光线"素材到"蒙版合成"时间线面板中，如图3.49所示。

步骤04 选中"光线"层，按Enter键重新命名为"光线1"，并将其图层模式设置为【屏幕】，如图3.50所示。

图3.48　【导入文件】对话框

图3.49　添加素材

图3.50　层设置

步骤05 选中"光线1"层，按P键展开【位置】属性，设置【位置】数值为（366，−168），按R键展开【旋转】属性，设置【旋转】数值为−100，如

图3.51所示。

图3.51 参数设置

步骤06 选中"光线1"，在【效果和预设】面板中展开【颜色校正】特效组，双击【曲线】特效，如图3.52所示，默认曲线形状如图3.53所示。

图3.52 添加【曲线】特效

图3.53 默认曲线形状

步骤07 在【效果控件】面板中调整曲线形状，如图3.54所示。

图3.54 【RGB】颜色调整

步骤08 从【通道】右侧下拉列表中选择【红色】通道，调整曲线形状，如图3.55所示。

图3.55 【红色】通道调整

步骤09 从【通道】右侧下拉列表中选择【绿色】通道，调整曲线形状，如图3.56所示。

步骤10 从【通道】右侧下拉列表中选择【蓝色】通道，调整曲线形状，如图3.57所示。

图3.56 【绿色】通道调整

图3.57 【蓝色】通道调整

步骤11 选中"光线1"，在【效果和预设】面板中展开【颜色校正】特效组，双击【色调】特效，如图3.58所示，设置【着色数量】为50%，效果如图3.59所示。

图3.58 添加【色调】特效

图3.59 色调效果

步骤12 选中"光线1"层，按Ctrl+D组合键复制出"光线2"层，如图3.60所示。

图3.60 复制层

步骤13 选中"光线2"层，按P键展开【位置】属性，设置【位置】数值为（480，−204），按R键展开【旋转】属性，设置【旋转】数值为−81，如

图3.61所示。

图3.61 参数设置

步骤14 选中"光线2"层，按Ctrl+D组合键复制出"光线3"层，如图3.62所示。

图3.62 复制层

步骤15 选中"光线3"层，按P键展开【位置】属性，设置【位置】数值为（596，−138），按R键展开【旋转】属性，设置【旋转】数值为−64，如图3.63所示。

图3.63 参数设置

3.1.3 制作总合成

步骤01 执行菜单栏中的【合成】|【新建合成】命令，打开【合成设置】对话框，设置【合成名称】为总合成，【宽度】数值为1024px，【高度】数值为576px，【帧速率】为25帧/秒，并设置【持续时间】为00:00:03:00秒。

步骤02 从【项目】面板拖动"背景.jpg、蒙版合成"素材到【总合成】时间线面板中，如图3.64所示。

图3.64 添加素材

步骤03 选中"蒙版合成"合成，选择工具栏中的【矩形工具】▇，在【总合成】窗口绘制矩形蒙版，如图3.65所示。

步骤04 将时间调整到00:00:00:00帧的位置，拖动蒙版上方两个锚点向下移动，直到看不到光线为止，单击码表⊙按钮，在当前位置添加关键帧；将时间调整到00:00:01:18帧的位置，拖动蒙版上方两个锚点向上移动，系统会自动创建关键帧，效果如图3.66所示。

图3.65 绘制矩形蒙版

图3.66 动画效果

步骤05 选中"蒙版 1"层，按F键展开【蒙版羽化】属性，设置【蒙版羽化】数值为（50，50）像素，如图3.67所示。

图3.67 设置【蒙版羽化】参数

步骤06 这样"魔戒"动画就制作完成了，按小键盘上的0键预览其中几帧动画效果，如图3.68所示。

图3.68 其中几帧动画效果

3.2 烟雾人

• 特效解析

本例主要讲解CC Particle World（CC 粒子仿真世界）特效、CC Vector Blur（CC 矢量模糊）特效的应用及蒙版的使用。完成的动画流程画面如图3.69所示。

图3.69 动画流程画面

• 学习目标

通过本例的制作，学习CC Particle World（CC 粒子仿真世界）特效与CC Vector Blur（CC 矢量模糊）特效的参数设置及使用方法，掌握烟雾的制作。

• 操作步骤

3.2.1 制作烟雾合成

步骤01 执行菜单栏中的【合成】|【新建合成】命令，打开【合成设置】对话框，设置【合成名称】为烟雾，【宽度】数值为1024px，【高度】数值为576px，【帧速率】为25帧/秒，并设置【持续时间】为00:00:05:00秒，如图3.70所示。

图3.70 【合成设置】对话框

步骤02 执行菜单栏中的【文件】|【导入】|【文件】命令，打开【导入文件】对话框，选择云盘下载中的"工程文件\第3章\烟雾人\人物.png、树木.png"素材，如图3.71所示。单击【导入】按钮，"人物.png、树木.png"素材将导入到【项目】面板中。

图3.71 【导入文件】对话框

步骤03 执行菜单栏中的【图层】|【新建】|【纯色】命令，打开【纯色设置】对话框，设置【名称】为外部烟雾，【颜色】为黑色，如图3.72所示。

图3.72 【纯色设置】对话框

步骤04 选中"外部烟雾"层，在【效果和预设】面板中展开【模拟】特效组，双击CC Particle World（CC 粒子仿真世界）特效，如图3.73所示。

图3.73 添加CC Particle World（CC粒子仿真世界）特效

步骤05 在【效果控件】面板中，设置Birth Rate（出生率）数值为7，Longevity（寿命）数值为1；展开Producer（发生器）选项组，设置Position X（X轴位置）数值为0.15，Position Y（Y轴位置）数值为0.17， Radius Y（Y轴半径）数值为0.15，如图3.74所示，效果如图3.75所示。

图3.74 设置Producer（发生器）参数

图3.75 设置后效果

步骤06 展开Physics（物理学）选项组，设置Velocity（速度）数值为0.7，Gravity（重力）数值为0，Extra（追加）数值为0.5，Extra Angle（追加角度）数值为1x，如图3.76所示，效果如图3.77所示。

图3.76 设置physics（物理学）参数

图3.77 设置后效果

步骤07 展开Particle（粒子）选项组，从Particle Type（粒子类型）右侧下拉列表中选择Lens Convex（凸透镜），如图3.78所示，效果如图3.79所示。

图3.78 设置Particle（粒子）参数

图3.79 设置后效果

步骤08 下面对粒子进行模糊效果。选中"外部烟雾"层，在【效果和预设】面板中展开【模糊和锐化】特效组，然后双击【快速模糊】特效，如图3.80所示。

图3.80 添加【快速模糊】特效

步骤09 在【效果控件】面板中，设置【模糊度】数值为14，如图3.81所示。

图3.81 设置【模糊度】参数

步骤10 为粒子进行CC 矢量模糊。选中"外部烟雾"层，在【效果和预设】面板中展开【模糊和锐化】特效组，双击CC Vector Blur（CC 矢量模糊）特效，如图3.82所示，效果如图3.83所示。

图3.82 添加CC Vector Blur（CC 矢量模糊）特效

图3.83 CC矢量模糊效果

步骤11 在【效果控件】面板中，设置Amount（数量）数值为10，从Property（参数）右侧下拉列表中选择Alpha（Alpha通道），如图3.84所示，效果如图3.85所示。

图3.84 参数设置

图3.85 设置后效果

步骤12 制作内部烟雾。执行菜单栏中的【图层】|【新建】|【纯色】命令，打开【纯色设置】对话框，设置【名称】为内部烟雾，【颜色】为黑色，如图3.86所示。

步骤13 选中"内部烟雾"层，在【效果和预设】面板中展开【模拟】特效组，双击CC Particle World（CC 粒子仿真世界）特效，如图3.87所示。

图3.86 【纯色设置】对话框

图3.87 添加CC Particle World（CC 粒子仿真世界）特效

步骤14 在【效果控件】面板中，设置Birth Rate（出生率）数值为8，Longevity（寿命）数值为1；展开Producer（发生器）选项组，设置Position X（X轴位置）数值为0.15，Position Y（Y轴位置）数值为0.16，Radius Y（Y轴半径）数值为0.16，如图3.88所示，效果如图3.89所示。

图3.88 设置Producer（发生器）参数

图3.89　设置后效果

步骤15 展开physics（物理学）选项组，设置Velocity（速度）数值为0.7，Gravity（重力）数值为0，Extra（追加）数值为0.5，Extra Angle（追加角度）数值为1x+0，如图3.90所示，效果如图3.91所示。

图3.90　设置physics（物理学）参数

图3.92　设置Particle（粒子）参数

图3.93　设置后效果

图3.94　添加【快速模糊】特效

步骤18 在【效果控件】面板中设置【模糊度】数值为14，如图3.95所示。

图3.95　设置【模糊度】参数

图3.91　设置后效果

步骤16 展开Particle（粒子）选项组，从Particle Type（粒子类型）右侧下拉列表中选择Lens Convex（凸透镜），如图3.92所示，效果如图3.93所示。

步骤17 对粒子进行模糊效果，选中"内部烟雾"层，在【效果和预设】面板中展开【模糊和锐化】特效组，然后双击【快速模糊】特效，如图3.94所示。

步骤19 为粒子进行CC 矢量模糊，选中"外部烟雾"层，在【效果和预设】面板中展开【模糊和锐化】特效组，双击CC Vector Blur（CC 矢量模糊）特效，如图3.96所示，效果如图3.97所示。

图3.98 参数设置

图3.96 添加CC Vector Blur（CC 矢量模糊）特效

图3.97 设置后效果

图3.99 设置后效果

步骤20 在【效果控件】面板中，设置Amount（数量）数值为91，从Property（参数）右侧下拉列表中选择Alpha（Alpha通道），如图3.98所示，效果如图3.99所示。

步骤21 这样就完成了"烟雾"合成的操作，预览其中几帧动画效果，如图3.100所示。

图3.100 其中几帧动画效果

3.2.2 制作总合成

步骤01 执行菜单栏中的【合成】|【新建合成】命令，打开【合成设置】对话框，设置【合成名称】为总合成，【宽度】数值为1024px，【高度】数值为576px，【帧速率】为25帧/秒，并设置【持续时间】为00:00:05:00秒，如图3.101所示。

步骤02 在【项目】面板中，选择"人物.png、树木.png"素材，将其拖动到【总合成】时间线面板中，如图3.102所示。

图3.101 【合成设置】对话框

图3.102 添加素材

步骤03 选中"人物"层，选择工具栏中的【矩形工具】，在【总合成】窗口中绘制一个矩形蒙版，如图3.103所示。

步骤04 选中"人物"层，按F键展开【蒙版羽化】属性，设置【蒙版羽化】数值为（50，50）像素，如图3.104所示。

图3.103 绘制矩形蒙版

图3.104 设置【蒙版羽化】参数

步骤05 将时间调整到00:00:00:00帧的位置，单击【蒙版路径】左侧的码表按钮，在当前位置添加关键帧；将时间调整到00:00:02:03帧的位置，拖动蒙版下方的两个锚点向上方移动，直到把人物遮盖住为止，系统会自动创建关键帧，动画如图3.105所示。

图3.105 蒙版动画

步骤06 在【项目】面板中选择"烟雾"合成，将其拖动到【总合成】时间线面板中，如图3.106所示。

图3.106 添加合成

步骤07 选中"烟雾"合成，在【效果和预设】面板中展开【颜色校正】特效组，双击【色调】特效，如图3.107所示，效果图3.108所示。

图3.107 添加【色调】特效

图3.108 色调效果

步骤08 在【效果控件】面板中，设置【将黑色映射到】颜色为灰色（R:207；G:207；B:207），如图3.109所示，效果如图3.110所示。

图3.109 设置【将黑色映射到】颜色

图3.110 设置后效果

步骤09 选中"烟雾"层，选择工具栏中的【钢笔工具】，在【总合成】窗口中绘制一个闭合蒙版，如图3.111所示。

图3.111 绘制闭合蒙版

步骤10 选中"蒙版 1"层，按F键展开【蒙版羽化】属性，设置【蒙版羽化】数值为（50，50）像素，如图3.112所示。

图3.112 设置【蒙版羽化】参数

步骤11 将时间调整到00:00:00:00帧的位置，单击【蒙版路径】左侧的码表按钮，在当前位置添加关键帧；将时间调整到00:00:02:03帧的位置，拖动蒙版向上方移动，直到把人物遮盖住为止，系统会自动创建关键帧，动画如图3.113所示。

图3.113 蒙版动画

步骤12 这样就完成了"烟雾人"动画的制作，按小键盘上的0键预览其中几帧效果，如图3.114所示。

图3.114 其中几帧动画效果

3.3 魔法师的火球

• 特效解析

本例主要讲解CC Vector Blur（CC矢量模糊）特效、【色调】特效及CC Particle World（CC 粒子仿真世界）特效的使用。完成的动画流程画面如图3.115所示。

图3.115 动画流程画面

• 学习目标

通过本例的制作，学习CC Vector Blur（CC 矢量模糊）特效的参数设置及使用方法，掌握光线外轮廓的制作。

• 操作步骤

3.3.1 制作火球合成

步骤01 执行菜单栏中的【合成】|【新建合成】命令，打开【合成设置】对话框，设置【合成名称】为火球，【宽度】数值为1024px，【高度】数值为576px，【帧速率】为25帧/秒，并设置【持续时间】为00:00:05:00秒，如图3.116所示。

步骤02 执行菜单栏中的【文件】|【导入】|【文件】命令，打开【导入文件】对话框，选择云盘下载中的

"工程文件\第3章\魔法师的火球\背景图片.png"素材，如图3.117所示。单击【导入】按钮，"背景图片.png"素材将导入到【项目】面板中。

图3.116 【合成设置】对话框

图3.117 【导入文件】对话框

步骤03 执行菜单栏中的【图层】|【新建】|【纯色】命令，打开【纯色设置】对话框，设置【名称】为背景层，【颜色】为白色，如图3.118所示。

步骤04 执行菜单栏中的【图层】|【新建】|【纯色】命令，打开【纯色设置】对话框，设置【名称】为火球外光，【颜色】为黑色，如图3.119所示。

图3.118 "背景层"纯色设置

图3.119 "火球外光"纯色设置

步骤05 选中"火球外光"层，在【效果和预设】面板中展开【模拟】特效组，双击CC Particle World（CC 粒子仿真世界）特效，如图3.120所示，此时画面效果如图3.121所示。

图3.120 添加CC Particle World（CC粒子仿真世界）特效

图3.121 CC粒子仿真世界效果

步骤06 在【效果控件】面板中，设置Birth Rate（出生率）数值为1，Longevity（寿命）数值为1，如图3.122所示，效果如图3.123所示。

图3.122 参数设置

图3.123 设置后效果

步骤07 展开Physics（物理学）选项组，设置Velocity（速度）数值为0.15，Gravity（重力）数值为0，参数如图3.124所示，效果如图3.125所示。

图3.124 设置physics（物理学）参数

图3.125 设置后效果

步骤08 展开Particle（粒子）选项组，从Particle Type（粒子类型）右侧下拉列表中选择Lens Convex（凸透镜），如图3.126所示，效果如图3.127所示。

图3.126 设置Particle（粒子）参数

图3.127 设置后画面

步骤09 在【效果和预设】面板中展开【模糊和锐化】特效组，双击【快速模糊】特效，如图3.128所示。

步骤10 在【效果控件】面板中设置【模糊度】数值为20，效果如图3.129所示。

图3.128 添加【快速模糊】特效

图3.129 设置后效果

步骤11 为了使后面图像显示的更加清楚，选中"背景层"，按Ctrl+Shift+Y组合键，重新设置该层颜色为黑色，如图3.130所示。

图3.130 颜色设置

步骤12 改变粒子颜色。在【效果和预设】面板中展开【颜色校正】特效组，双击【色调】特效，如图3.131所示。

步骤13 在【效果控件】面板中，设置【将黑色映射到】颜色为橘黄色（R:225；G:171；B:55），效果如图3.132所示。

图3.131 添加【色调】特效

图3.132 设置后效果

步骤14 在【效果和预设】面板中展开【模糊和锐化】特效组，然后双击CC Vector Blur（CC矢量模糊）特效，如图3.133所示。

步骤15 在【效果控件】面板中设置Amount（数量）数值为100，效果图3.134所示。

图3.133 添加CC Vector Blur（CC 矢量模糊）特效

图3.134 设置后效果

步骤16 在【效果和预设】面板中展开【风格化】特效组，双击【发光】特效，如图3.135所示，不更改任何数值，效果图3.136所示。

图3.135 添加【发光】特效

图3.136 发光效果

步骤17 选中"火球外光"层,按P键展开【位置】属性,设置【位置】数值为(521,300),如图3.137所示。

图3.137 设置【位置】属性

步骤18 执行菜单栏中的【图层】|【新建】|【纯色】命令,打开【纯色设置】对话框,设置【名称】为火球内光,【颜色】为黑色,如图3.138所示。

步骤19 选中"火球内光"层,在【效果和预设】面板中展开【杂色和颗粒】特效组,双击【分形杂色】特效,如图3.139所示。

图3.138 【纯色设置】对话框

图3.139 添加【分形杂色】特效

步骤20 在【效果控件】面板中,设置【对比度】数值为200,【亮度】数值为16;展开【变换】选项组,设置【缩放】数值为20,如图3.140所示,效果如图3.141所示。

图3.140 参数设置

图3.141 设置后效果

步骤21 选中"火球内光"层,将时间调整到00:00:00:22帧的位置,设置【演化】数值为0,单击码表按钮,在当前位置添加关键帧;将时间调整到00:00:02:22帧的位置,设置【演化】数值为2x,系统会自动创建关键帧,如图3.142所示。

图3.142 设置【演化】关键帧

步骤22 选择工具栏中的【椭圆工具】,按住Shift键在"火球内光"合成中绘制出正圆蒙版,效果如图3.143所示。

图3.143 绘制正圆蒙版

步骤23 选中"蒙版 1"层，按F键展开【蒙版羽化】属性，设置【蒙版羽化】数值为（60，60），如图3.144所示。

图3.144 设置【蒙版羽化】参数

步骤24 将时间调整到00:00:00:00帧的位置，选中"火球内光"层，按S键展开Scale（缩放）属性，设置Scale（缩放）数值为（0，0），单击码表 按钮，在当前位置添加关键帧；将时间调整到00:00:00:22帧的位置，设置Scale（缩放）数值为（60，60），系统会自动创建关键帧，如图3.145所示。

图3.145 设置Scale（缩放）属性

步骤25 按P键展开【位置】属性，设置【位置】数值为（516，302），如图3.146所示。

步骤26 选中"火球内光"层，在【效果和预设】面板中展开【模糊和锐化】特效组，双击CC Vector Blur（CC矢量模糊）特效，如图3.147所示。

图3.146 设置【位置】属性

步骤27 在【效果控件】面板中设置Amount（数量）数值为8，效果如图3.148所示。

图3.147 添加CC Vector Blur（CC 矢量模糊）特效

图3.148 设置后效果

步骤28 在【效果和预设】面板中展开【颜色校正】特效组，双击【色调】特效，如图3.149所示。

图3.149 添加【色调】特效

步骤29 在【效果控件】面板中，设置【将黑色映射到】颜色为橘黄色（R:241；G:214；B:105），效果如图3.150所示。

图3.150 设置后效果

步骤30 在【效果和预设】面板中展开【风格化】特效组，双击【发光】特效，如图3.151所示，效果图3.152所示。

图3.151 添加【发光】特效

图3.152 发光效果

步骤31 在【效果控件】面板中设置【发光半径】数值为34，如图3.153所示，效果图3.154所示。

图3.153 参数设置

图3.154 设置后效果

步骤32 这样就完成了"火球"合成的制作，预览其中几帧动画效果如图3.155所示。

图3.155 其中几帧动画效果

步骤33 选中"背景层"，按Delete键删除该层，如图3.156所示。

图3.156 删除"背景层"

3.3.2 制作总合成

步骤01 执行菜单栏中的【合成】|【新建合成】命令，打开【合成设置】对话框，设置【合成名称】为总合成，【宽度】数值为1024px，【高度】数值为576px，【帧速率】为25帧/秒，并设置【持续时间】为00:00:05:00秒。

步骤02 在【项目】面板中，选择"背景图片.png、火球"素材，将其拖动到【总合成】时间线面板中，如图3.157所示。

步骤03 选中"火球"合成，按P键展开【位置】属性，设置【位置】数值为（586，368），如图3.158所示。

步骤04 这样就完成了"魔法师的火球"动画的整体制作，按小键盘上的0键在合成窗口中预览动画，如图3.159所示。

图3.157 添加素材

图3.158 设置【位置】属性

图3.159 其中几帧动画效果

第**4**章
Chapter

视频路径
movie /4.1 墙皮脱落.avi
movie /4.2 闪电.avi
movie /4.3 老电影效果.avi

动漫影视自然特效合成

内容摘要

本章主要讲解具有自然现象的特效应用。利用粒子特效制作出天上真实的白色云雾，利用破碎特效制作出墙皮脱落效果，利用调色特效制作出夜幕降临效果。

教学目标

☐ 【设置遮罩】特效　　　　　　　　　☐ 【曲线】特效

☐ 【闪光】特效　　　　　　　　　　　☐ 【调整图层】层

4.1　墙皮脱落

● 特效解析

本例主要讲解【碎片】特效、【设置遮罩】特效、【简单阻塞工具】特效及Particular（粒子）特效的使用。完成的动画流程画面如图4.1所示。

图4.1　动画流程画面

• 学习目标

通过本例的制作，学习【碎片】特效的参数设置及使用方法，掌握墙皮脱落动画的制作。

• 操作步骤

4.1.1 制作墙皮阴影合成

步骤01 执行菜单栏中的【合成】|【新建合成】命令，打开【合成设置】对话框，设置【合成名称】为墙皮阴影，【宽度】数值为720px，【高度】数值为576px，【帧速率】为25帧/秒，并设置【持续时间】为00:00:06:00秒，如图4.2所示。

步骤02 执行菜单栏中的【文件】|【导入】|【文件】命令，打开【导入文件】对话框，选择云盘下载中的"工程文件\第4章\墙皮脱落\墙皮脱落.psd"素材，如图4.3所示。单击【导入】按钮，将"墙皮脱落.psd"素材以合成的形式导入到【项目】面板中。

步骤03 在【项目】面板中选择"墙皮脱落"合成，按Ctrl+K组合键打开【合成设置】对话框，修改持续时间00:00:06:00秒。打开"墙皮阴影"合成，选择"墙皮/墙皮脱落.psd"素材，将其拖动到"墙皮阴影"合成时间线面板中，如图4.4所示。

图4.4 添加素材

步骤04 选中"墙皮/墙皮脱落.psd"层，在【效果和预设】面板中展开【模拟】特效组，双击【碎片】特效，如图4.5所示，效果如图4.6所示。

图4.5 添加【碎片】特效

图4.2 【合成设置】对话框

图4.3 【导入文件】对话框

图4.6 碎片效果

步骤05 因为当前图像的显示视图为线框，所以从图像中看到的只是线框效果。在【效果控件】面板中选择【碎片】特效，从【视图】右侧的下拉列表中选择【已渲染】命令，在【渲染】右侧下拉列表中选择【块】。展开【形状】选项组，从【图案】右侧的下拉列表中选择【玻璃】，设置【重复】数值为20，如图4.7所示。

步骤06 展开【作用力 1】选项组，设置【深度】数值为0.1，【半径】数值为0.2，【强度】数值为5。将时间调整到00:00:00:00:帧的位置，设置【位置】数值为（-36，222），单击码表 按钮，在当前位置添加关键帧；将时间调整到00:00:03:08帧的位置，设置【位置】数值为（594，222），系统会自动创建关键帧，如图4.8所示。

● 提示

　　【图案】右侧的下拉列表中有许多破碎的类型，可以根据自己的喜好及画面需求来进行选择。

步骤07 展开【物理学】选项组，设置【重力】数值为50，如图4.9所示，效果如图4.10所示。

图4.9　设置【物理学】选项组参数

图4.10　设置后效果

步骤08 这样"墙皮阴影"合成就制作完成了，其中几帧动画效果如图4.11所示。

图4.7　设置【形状】选项组参数

图4.8　设置【作用力 1】选项组参数

图4.11　其中几帧动画效果

4.1.2 制作墙皮小碎片合成

步骤01 执行菜单栏中的【合成】|【新建合成】命令，打开【合成设置】对话框，设置【合成名称】为墙皮小碎片，【宽度】数值为720px，【高度】数值为576px，【帧速率】为25帧/秒，并设置【持续时间】为00:00:06:00秒。

步骤02 在【项目】面板中选择"墙皮/墙皮脱落.psd"素材，将其拖动到"墙皮小碎片"合成时间线面板中，如图4.12所示。

图4.12 添加素材

步骤03 选中"墙皮/墙皮脱落.psd"层，在【效果和预设】面板中展开【遮罩】特效组，然后双击【简单阻塞工具】特效，如图4.13所示，效果如图4.14所示。

图4.13 添加【简单阻塞工具】特效

图4.14 简单阻塞工具效果

● **提示**

【简单阻塞工具】特效与【蒙版阻塞工具】相似，只能作用于Alpha通道，使用增量缩小或扩大蒙版的边界，以此来创建蒙版效果。

步骤04 在【效果控件】面板中设置【阻塞遮罩】数值为4，使其边缘变小，如图4.15所示，效果如图4.16所示。

图4.15 设置【阻塞遮罩】参数

图4.16 设置后效果

步骤05 在【效果和预设】面板中展开【通道】特效组，双击【反转】特效，如图4.17所示，效果如图4.18所示。

图4.17 添加【反转】特效

图4.18 反转效果

●提示

　　【反转】特效可以将指定通道的颜色反转成相应的补色。

步骤06 在【效果控件】面板中修改【反转】特效的参数，在【通道】右侧的下拉列表中选择【Alpha】，如图4.19所示，效果如图4.20所示。

图4.19 设置【反转】参数

图4.20 设置后的效果

步骤07 为了达到小碎片的效果，在【效果和预设】面板中展开【通道】特效组，双击【设置遮罩】特效，如图4.21所示，效果如图4.22所示。

图4.21 添加【设置遮罩】特效

图4.22 设置遮罩效果

步骤08 在【效果控件】面板中修改【设置遮罩】特效的参数，取消勾选【伸缩遮罩以适合】复选框，使边缘亮度变浅，如图4.23所示，效果如图4.24所示。

图4.23 设置【设置遮罩】参数

图4.24 设置后效果

步骤09 最后给边缘的物体制作破碎效果，在【效果和预设】面板中展开【模拟】特效组，双击【碎片】特效，如图4.25所示，效果如图4.26所示。

图4.25 添加【碎片】特效

图4.26 碎片效果

步骤10 因为当前图像的显示视图为线框，所以从图像中看到的只是线框效果。在【效果控件】面板中选择【碎片】特效，从【视图】右侧的下拉列表中选择【已渲染】，在【渲染】右侧下拉列表中选择【块】。展开【形状】选项组，从【图案】右侧的下拉列表中选择【玻璃】，设置【重复】数值为50，如图4.27所示。

图4.27 设置【形状】选项组参数

步骤11 展开【作用力 1】选项组，设置【深度】数值为0.1，【半径】数值为0.2，【强度】数值为5。

将时间调整到00:00:00:00:帧的位置，设置【位置】数值为（-36，222），单击码表 按钮，在当前位置添加关键帧；将时间调整到00:00:03:08帧的位置，设置【位置】数值为（594，222），系统会自动创建关键帧，如图4.28所示。

图4.28 设置【作用力 1】选项组参数

步骤12 展开【物理学】选项组，设置【旋转速度】数值为1，【随机性】数值为1，【粘度】数值为0.1，【重力】数值为25，如图4.29所示，效果如图4.30所示。

图4.29 设置【物理学】选项组参数

图4.30 设置后效果

步骤13 展开【灯光】选项组，设置【环境光】数值为0.48，如图4.31所示，效果如图4.32所示。

图4.31 设置【灯光】选项组参数

图4.32 设置后效果

步骤14 这样"墙皮小碎片"合成就完成了，预览其中几帧动画，效果如图4.33所示。

图4.33 其中几帧动画效果

4.1.3 制作烟合成

步骤01 执行菜单栏中的【合成】|【新建合成】命令，打开【合成设置】对话框，设置【合成名称】为烟合成，【宽度】数值为720px，【高度】数值为576px，【帧速率】为25帧/秒，并设置【持续时间】为00:00:06:00秒，如图4.34所示。

步骤02 为了使烟雾更加清楚，执行菜单栏中的【图层】|【新建】|【纯色】命令，打开【纯色设置】对话框，设置【名称】为黑背景，【颜色】为黑色，如图4.35所示。

图4.34 【合成设置】对话框

图4.35 【纯色设置】对话框

步骤03 执行菜单栏中的【图层】|【新建】|【纯色】命令，打开【纯色设置】对话框，设置【名称】为烟雾，【颜色】为黑色，如图4.36所示。

图4.36 【纯色设置】对话框

步骤04 选中"烟雾"层，在【效果和预设】面板中展开Trapcode特效组，双击Particular（粒子）特效，如图4.37所示。

图4.37 添加Particular（粒子）特效

步骤05 在【效果控件】面板中展开Emitter（发射器）选项组，从Emitter Type（发射器类型）右侧下拉列表中选择Box（盒子），设置PositionXY（XY轴位置）数值为（396，650），Emitter Size X（发射器X轴大小）数值为487，Emitter Size Y（发射器Y轴大小）数值为304，Emitter Size Z（发射器Z轴大小）数值为467，如图4.38所示，效果如图4.39所示。

图4.38 设置【发射器】选项组参数

图4.39 设置后效果

步骤06 为了下面效果图显示的更加清楚，选中"黑背景"层，按Ctrl+Shift+Y组合键，在弹出的【纯色设置】对话框中修改【颜色】值为白色，如图4.40所示。

图4.40 修改【颜色】为白色

步骤07 选中"黑背景"层，按Enter键对该层重命名为"白背景"层，如图4.41所示。

图4.41 重命名设置

步骤08 选择"烟雾"层，在【效果控件】面板中展开Particle（粒子）选项组，从Particle Type（粒子类型）右侧下拉列表中选择Cloudlet（云），设置Size（大小）数值为48，Size Random（大小随机）数值为100；展开Size over Life（生命期的大小变化）选项组，单击图像右侧的第4个形状，设置Opacity（不透明度）数值为12，Opacity Random（不透明度随机）数值为100；展开Opacity over Life（生命期的不透明度变化）选项组，单击图像右侧的第4个形状，设置Color（颜色）为灰色（R:155；G:155；B:155），如图4.42所示，效果如图4.43所示。

图4.42 参数设置

图4.43 设置后效果

步骤09 这样就完成了"烟合成"的制作，其中几帧动画效果如图4.44所示。最后将"白背景"层删除掉。

图4.44 其中几帧动画效果

4.1.4 制作墙皮脱落合成

步骤01 执行菜单栏中的【合成】|【新建合成】命令，打开【合成设置】对话框，设置【合成名称】为墙皮脱落，【宽度】数值为720px，【高度】数值为576px，【帧速率】为25帧/秒，【持续时间】为00:00:06:00秒。

步骤02 在【项目】面板中选择"背景/墙皮脱落.psd"素材，将其拖动到"墙皮脱落"合成时间线面板中，如图4.45所示。

图4.45 添加素材

步骤03 选中"背景/墙皮脱落.psd"层，在【效果和预设】面板中展开【颜色校正】特效组，双击【曲线】特效，如图4.46所示，默认曲线形状如图4.47所示。

图4.46 添加【曲线】特效

图4.47 默认曲线形状

步骤04 在【效果控件】面板中修改曲线形状，如图4.48所示，效果如图4.49所示。

图4.48 修改曲线形状

图4.49 曲线效果

步骤05 在【项目】面板中选择"墙皮阴影"合成，将其拖动到"墙皮脱落"合成时间线面板中，并将其重命名为"墙皮阴影1"合成，如图4.50所示。

图4.50 添加合成

步骤06 选中"墙皮阴影1"合成，在【效果和预设】面板中展开【生成】特效组，双击【填充】特效，如图4.51所示，效果如图4.52所示。

图4.51 添加【填充】特效

图4.52 填充效果

步骤07 在【效果控件】面板中设置【颜色】为黑色，如图4.53所示，效果如图4.54所示。

图4.53 设置【颜色】参数

图4.54 设置后效果

步骤08 为了使阴影更加真识，在【效果和预设】面板中展开【模糊和锐化】特效组，双击CC Radial Blur（CC放射模糊）特效，如图4.55所示。

步骤09 在【效果控件】面板中，从Type（模糊方式）右侧下拉列表中选择Fading Zoom（缩放衰减），设置Amount（数量）数值为19，Center（模糊中心）为（332，-40），如图4.56所示。

图4.55 添加CC Radial Blur（CC放射模糊）特效

图4.56 参数设置

步骤10 再次将【项目】面板中的"墙皮阴影"合成，拖动到"墙皮脱落"合成时间线面板中，并将其重命名为"墙皮阴影2"合成，如图4.57所示。

图4.57 添加合成

步骤11 选中"墙皮阴影2"合成，在【效果和预设】面板中展开【生成】特效组，双击【填充】特效，如图4.58所示，效果如图4.59所示。

图4.58 添加【填充】特效

图4.59 填充效果

步骤12 在【效果控件】面板中设置【颜色】为黑色，如图4.60所示，效果如图4.61所示。

图4.60 设置【颜色】参数

图4.61 设置后效果

步骤13 在【效果和预设】面板中展开【模糊和锐化】特效组，双击CC Radial Blur（CC放射模糊）特效，如图4.62所示。

步骤14 在【效果控件】面板中，从Type（模糊方式）右侧下拉列表中选择Fading Zoom（缩放衰减），设置Amount（数量）数值为3，Center（模糊中心）为（342，−108），如图4.63所示。

图4.62 添加CC Radial Blur（CC放射模糊）特效

图4.63 参数设置

步骤15 将【项目】面板中的"墙皮小碎片"合成，拖动到"墙皮脱落"合成时间线面板中，如图4.64所示。

图4.64 添加合成

步骤16 将【项目】面板中的"墙皮/墙皮脱落.psd"素材，拖动到"墙皮脱落"合成时间线面板中，如图4.65所示。

图4.65 添加素材

步骤17 选中"墙皮/墙皮脱落.psd"层，在【效果和预设】面板中展开【模拟】特效组，双击【碎片】特效，如图4.66所示，效果如图4.67所示。

图4.66 添加【碎片】特效

图4.67 碎片效果

步骤18 因为当前图像的显示视图为线框，所以从图像中看到的只是线框效果。在【效果控件】面板中选择【碎片】特效，从【视图】右侧的下拉列表中选择【已渲染】，展开【形状】选项组，从【图案】右侧的下拉列表中选择【玻璃】，设置【重复】数值为20，如图4.68所示。

步骤19 展开【作用力 1】选项组，设置【深度】数值为0.1，【半径】数值为0.2，【强度】数值为5。将时间调整到00:00:00:00帧的位置，设置【位置】数值为（−36，222），单击码表 ⌚ 按钮，在当前位置添加关键帧；将时间调整到00:00:03:08帧的位置，设置【位置】数值为（594，222），系统会自动创建关键帧，如图4.69所示。

图4.68 设置【形状】选项组参数

图4.69 设置【作用力1】选项组参数

步骤20 展开【物理学】选项组，设置【重力】数值为50，如图4.70所示，效果如图4.71所示。

图4.70 设置【物理学】参数

图4.71 设置后效果

步骤21 将【项目】面板中的"烟合成"拖动到"墙皮脱落"合成时间线面板中，如图4.72所示。

图4.72 添加素材

步骤22 选中"烟合成"层，将时间调整到00:00:02:00帧的位置，按Alt+[组合键，切断前面的素材；将时间调整到00:00:00:00帧的位置，按[键，使素材的入点为00:00:00:00帧的位置，如图4.73所示。

图4.73 层设置

步骤23 选择工具栏中的【矩形工具】按钮，在"墙皮脱落"合成窗口中绘制矩形蒙版，如图4.74所示。

图4.74 绘制矩形蒙版

步骤24 选中"蒙版1"层，按F键，取消【蒙版羽化】的【约束比例】，设置【蒙版羽化】数值为（300，0），效果如图4.75所示。

图4.75 蒙版羽化

图4.76 路径运动图

步骤25 将时间调整到00:00:00:11帧的位置,单击【蒙版路径】左侧的码表 ◎ 按钮,在当前位置添加关键帧;将时间调整到00:00:02:23帧的位置,拖动路径向右移动,系统会自动创建关键帧,路径运动如图4.76所示。

步骤26 将时间调整到00:00:00:04帧的位置,选中"烟合成"层,按T键展开【不透明度】属性,设置【不透明度】数值为0%,单击码表 ◎ 按钮,在当前位置添加关键帧;将时间调整到00:00:00:08帧的位置,设置【不透明度】数值为100%,系统会自动创建关键帧;将时间调整到00:00:03:02帧的位置,设置【不透明度】数值为100%;将时间调整到00:00:03:08帧的位置,设置【不透明度】数值为0%,如图4.77所示。

图4.77 设置【不透明度】关键帧

步骤27 这样"墙皮脱落"动画就制作完成了,按小键盘上的0键进行预览,其中几帧动画效果如图4.78所示。

图4.78 其中几帧动画效果

4.2 闪电

特效解析

本例主要讲解【闪光】特效、【镜头光晕】特效的应用。完成的动画流程画面如图4.79所示。

图4.79 动画流程画面

学习目标

通过本例的制作，学习【闪光】特效的参数设置及使用方法，掌握闪电的制作原理。

操作步骤

4.2.1 制作闪电合成

步骤01 执行菜单栏中的【合成】|【新建合成】命令，打开【合成设置】对话框，设置【合成名称】为闪电，【宽度】数值为1024px，【高度】数值为576px，【帧速率】为25帧/秒，并设置【持续时间】为00:00:05:00秒，如图4.80所示。

图4.80 【合成设置】对话框

步骤02 执行菜单栏中的【文件】|【导入】|【文件】命令，打开【导入文件】对话框，选择云盘下载中的"工程文件\第4章\闪电\背景.jpg"素材，如图4.81所示。单击【导入】按钮，"背景.jpg"素材将导入到【项目】面板中。

步骤03 在【项目】面板中选择"背景.jpg"素材，将其拖动到"闪电"合成时间线面板中，如图4.82所示。

图4.81 【导入文件】对话框

图4.82 添加素材

4.2.2 制作角光

步骤01 执行菜单栏中的【图层】|【新建】|【纯色】命令，打开【纯色设置】对话框，设置【名称】为角光，【颜色】为黑色，如图4.83所示。

图4.84 添加【镜头光晕】特效

步骤03 在【效果控件】面板中，设置【光晕中心】数值为（-8，-2），从【镜头类型】右侧下拉列表中选择【105毫米定焦】，如图4.85所示，效果如图4.86所示。

图4.83 【纯色设置】对话框

步骤02 选中"角光"层，在【效果和预设】面板中展开【生成】特效组，双击【镜头光晕】特效，如图4.84所示。

● 提示

　　【镜头光晕】特效可以模拟强光照射镜头，在图像上产生光晕效果。

图4.85 参数设置

图4.86 设置后效果

图4.89 曲线效果

步骤04 选中"角光"层，将时间调整到00:00:00:00帧的位置，设置【光晕亮度】数值为0，单击码表 按钮，在当前位置添加关键帧；将时间调整到00:00:00:11帧的位置，设置【光晕亮度】数值为186，系统会自动创建关键帧；将时间调整到00:00:00:21帧的位置，设置【光晕亮度】数值为115，如图4.87所示。

步骤06 在【效果控件】面板中，从【通道】右侧下拉列表中选择【RGB】，调整曲线形状如图4.90所示。

步骤07 从【通道】右侧下拉列表中选择【红色】，调整曲线形状如图4.91所示。

图4.87 关键帧设置

● 提示

　　【镜头类型】有3种透镜焦距，【50-300毫米变焦】是产生光晕并模仿太阳光的效果；【35毫米定焦】只产生强烈的光，没有光晕；105毫米定焦是产生比前一种镜头更强的光。

图4.90 【RGB】曲线调整

步骤05 选中"角光"层，在【效果和预设】面板中展开【颜色校正】特效组，双击【曲线】特效，如图4.88所示，效果如图4.89所示。

图4.88 添加【曲线】特效

图4.91 【红色】曲线调整

步骤08 从【通道】右侧下拉列表中选择【蓝色】，调整曲线形状，如图4.92所示，此时画面效果如图4.93所示。

图4.93 调整曲线后效果

步骤09 选中"角光"层，设置其图层模式为【相加】，如图4.94所示。

图4.92 【蓝色】曲线调整

图4.94 设置图层模式

4.2.3 制作电光1

步骤01 执行菜单栏中的【图层】|【新建】|【纯色】命令，打开【纯色设置】对话框，设置【名称】为电光1，【颜色】为黑色，如图4.95所示。

图4.96 添加【闪光】特效

图4.95 【线色设置】对话框

步骤02 选中"电光1"层，在【效果和预设】面板中展开【过时】特效组，双击【闪光】特效，如图4.96所示。

步骤03 选中"电光1"层，设置其图层模式为【相加】，此时画面效果如图4.97所示。

图4.97 相加模式效果

步骤04 在【效果控件】面板中，设置【起始点】数值为（2，−14），【区段】数值为9，【振幅】数值为13，【分支线段】数值为14，【核心宽度】数值为0，【外部颜色】为青色（R:150；G:255；B:255），【拉力】数值为18，其他参数设置如图4.98所示，效果如图4.99所示。

图4.98 参数设置

图4.99 设置后效果

步骤05 选中"电光1"层,将该层的起点设置为00:00:00:14帧的位置,如图4.100所示。

图4.100 起点设置

步骤06 将时间调整到00:00:00:14帧的位置,在时间线面板中设置【结束点】数值为(44,88),单击码表 按钮,在当前位置添加关键帧;将时间调整到00:00:01:00帧的位置,设置【结束点】数值为(140、372),系统会自动创建关键帧,如图4.101所示。

图4.101 关键帧设置

步骤07 选中"电光1"层,按T键展开【不透明度】属性,将时间调整到00:00:01:11帧的位置,设置【不透明度】数值为100%,单击码表 按钮,在当前位置添加关键帧;将时间调整到00:00:01:19帧的位置,设置【不透明度】数值为20%,系统会自动创建关键帧;将时间调整到00:00:02:08帧的位置,设置【不透明度】数值为0%,如图4.102所示。

图4.102 设置【不透明度】关键帧

4.2.4 制作电光2

步骤01 执行菜单栏中的【图层】|【新建】|【纯色】命令,打开【纯色设置】对话框,设置【名称】为电光2,【颜色】为黑色,如图4.103所示。

步骤02 选中"电光2"层,在【效果和预设】面板中展开【过时】特效组,双击【闪光】特效,如图4.104所示。

图4.103 【纯色设置】对话框

图4.104 添加【闪光】特效

步骤03 选中"电光2"层，设置其图层模式为【相加】，此时画面效果如图4.105所示。

图4.105 相加模式效果

步骤04 在【效果控件】面板中，设置【起始点】数值为（-10，-2），【区段】数值为15，【外部颜色】为青色（R:150；G:255；B:255），其他参数设置如图4.106所示，效果如图4.107所示。

图4.106 参数设置

图4.107 设置后效果

步骤05 选中"电光2"层，将该层的入点设置为00:00:00:14帧的位置，如图4.108所示。

图4.108 入点设置

步骤06 将时间调整到00:00:00:14帧的位置，在时间线面板中设置【结束点】数值为（144，116），单击码表 按钮，在当前位置添加关键帧；将时间调整到00:00:01:00帧的位置，设置【结束点】数值为（434，276），系统会自动创建关键帧，如图 4.109所示。

图4.109 关键帧设置

步骤07 将时间调整到00:00:01:11帧的位置，选中"电光2"层，按T键展开【不透明度】属性，设置【不透明度】数值为100%，单击码表 ⏱ 按钮，在当前位置添加关键帧；将时间调整到00:00:01:19帧的位置，设置【不透明度】数值为20%，系统会自动创建关键帧；将时间调整到00:00:02:08帧的位置，设置【不透明度】数值为0%，如图4.110所示。

图4.110 设置【不透明度】关键帧

步骤08 执行菜单栏中的【图层】|【新建】|【纯色】命令，打开【纯色设置】对话框，设置【名称】为白光，【颜色】为白色，如图4.111所示。

图4.111 【纯色设置】对话框

步骤09 选中"白光"层，选择工具栏中的【钢笔工

具】 ✒️，在"闪电"合成窗口中绘制闭合蒙版，如图4.112所示。

图4.112 绘制闭合蒙版

步骤10 选中"蒙版 1"层，按F键展开【蒙版羽化】属性，设置【蒙版羽化】数值为（119，119），如图4.113所示。

图4.113 设置【蒙版羽化】参数

步骤11 选中"白光"层，在【效果和预设】面板中展开【风格化】特效组，双击【发光】特效，如图4.114所示，效果如图4.115所示。

图4.114 添加【发光】特效

图4.115 发光效果

步骤12 选中"白光"层，设置其图层模式为【相加】，效果如图4.116所示。

图4.116 相加模式效果

步骤13 将时间调整到00:00:01:22帧的位置，按T键展开【不透明度】属性，设置【不透明度】数值为0%，单击码表 ⏱ 按钮，在当前位置添加关键帧；将时间调整到00:00:02:03帧的位置，设置【不透明度】数值为100%，系统会自动创建关键帧；将时间调整到00:00:02:08帧的位置，设置【不透明度】数值为0%，如图4.117所示。

图4.117 设置【不透明度】关键帧

4.2.5 制作电光3

步骤01 执行菜单栏中的【图层】|【新建】|【纯色】命令，打开【纯色设置】对话框，设置【名称】为电光3，【颜色】为黑色，如图4.118所示。

图4.119 添加【闪光】特效

图4.118 【纯色设置】对话框

步骤02 选中"电光3"层，在【效果和预设】面板中展开【过时】特效组，双击【闪光】特效，如图4.119所示。

步骤03 选中"电光3"层，设置其图层模式为【相加】，此时画面效果如图4.120所示。

图4.120 相加模式效果

步骤04 在【效果控件】面板中，设置【起始点】数值为（304，592），【区段】数值为17，【振幅】数值为8.8，【外部颜色】为青色（R:150；G:255；B:255），其他参数设置如图4.121所示，效果如图4.122所示。

图4.121 参数设置

图4.122 设置后效果

步骤05 选中"电光3"层，设置该层的入点为00:00:02:05帧的位置，如图4.123所示。

图4.123 入点设置

步骤06 将时间调整到00:00:02:05帧的位置，在时间线面板中设置【结束点】数值为（220，594），单击码表 ⑤ 按钮，在当前位置添加关键帧；将时间调整到00:00:02:07帧的位置，设置【结束点】数值为（170，−19），系统会自动创建关键帧，如图4.124所示。

图4.124 关键帧设置

步骤07 将时间调整到00:00:03:00帧的位置，选中"电光3"层，按T键展开【不透明度】属性，设置【不透明度】数值为100%，单击码表 ⑤ 按钮，在当前位置添加关键帧；将时间调整到00:00:03:17帧的位置，设置【不透明度】数值为0%，系统会自动创建关键帧，如图4.125所示。

图4.125 设置【不透明度】关键帧

步骤08 这样"闪电"动画就制作完成了，按小键盘上的0键预览其中几帧动画效果，如图4.126所示。

图4.126 其中几帧动画效果

4.3 老电影效果

• 特效解析

本例主要讲解【色相/饱和度】特效、【曲线】特效及【调整图层】层命令的使用。完成的动画流程画面如图4.127所示。

图4.127 动画流程画面

• 学习目标

通过本例的制作，学习【调整图层】层、【色相/饱和度】特效的参数设置及使用方法，掌握颜色的调节。

• 操作步骤

4.3.1 调整素材颜色 ▶▶

步骤01 执行菜单栏中的【合成】|【新建合成】命令，打开【合成设置】对话框，设置【合成名称】为老电影，【宽度】数值为1024px，【高度】数值为576px，【帧速率】为25帧/秒，并设置【持续时间】为00:00:06:00秒，如图4.128所示。

步骤02 执行菜单栏中的【文件】|【导入】|【文件】命令，打开【导入文件】对话框，选择云盘下载中的"工程文件\第4章\老电影\Old Film.mov、素材.AVI"素材，如图4.129所示。单击【导入】按钮，"Old Film.mov、素材.AVI"素材将导入到【项目】面板中。

图4.128 【合成设置】对话框

图4.129 【导入文件】对话框

步骤03 在【项目】面板中选择"素材.AVI"素材，将其拖动到"老电影"合成时间线面板中，如图4.130所示。

图4.130 添加素材

步骤04 选择"素材.AVI"层，按S键展开【缩放】属性，设置【缩放】数值为（105，105），如图4.131所示。

图4.131 设置【缩放】参数

步骤05 选择"素材.AVI"层，在【效果和预设】面板中展开【颜色校正】特效组，双击【曲线】特效，如图4.132所示，默认曲线形状如图4.133所示。

图4.132 添加【曲线】特效

图4.133 默认曲线形状

步骤06 在【效果控件】面板中调节曲线形状，如图4.134所示，此时画面效果如图4.135所示。

图4.134 调节曲线形状

图4.135 曲线效果

● **提示**

　　【曲线】特效可以通过调节曲线的弯曲度或复杂程度来调整图像的亮区和暗区的分布情况。

步骤07 选中"素材.AVI"层，按Ctrl+D组合键复制出另一个"素材"层，并按Enter键重新命名为"素材蒙版.AVI"层，如图4.136所示。

图4.136 复制并重命名设置

步骤08 选中"素材蒙版.AVI"层，在工具栏中双击【椭圆工具】 ，创建一个椭圆蒙版，如图4.137所示。

图4.137 绘制椭圆蒙版

图4.138 参数设置

● 提示

使用标准形状的蒙版工具可以直接在合成素材上拖动绘制，系统会自动按蒙版的区域进行去除操作。

图4.139 添加【快速模糊】特效

步骤09 展开【蒙版 1】选项组，勾选【反转】复选框，设置【蒙版扩展】数值为−119像素，如图4.138所示。

步骤10 选中"素材蒙版.AVI"层，在【效果和预设】面板中展开【模糊和锐化】特效组，双击【快速模糊】特效，如图4.139所示。

步骤11 在【效果控件】面板中设置【模糊度】数值为50，如图4.140所示。

图4.140 设置【模糊度】参数

4.3.2 添加老电影效果

步骤01 在【项目】面板中选择"Old Film.mov"素材，将其拖动到"老电影"合成时间线面板中，如图4.141所示。

图4.142 设置【缩放】参数

步骤03 设置"Old Film.mov"层的图层模式为【相乘】，如图4.143所示。

图4.141 添加素材

步骤02 选中"Old Film.mov"层，按S键展开【缩放】属性，取消【约束比例】按钮，设置【缩放】数值为（155，120），如图4.142所示。

图4.143 图层模式设置

步骤04 执行菜单栏中的【图层】|【新建】|【调整图层】命令，此时该层会自动创建到时间线面板中。

步骤05 选中"调整图层 1"层，按Enter键重新命名为"调节"层，如图4.144所示。

图4.144 重命名设置

步骤06 选中"调节"层，在【效果和预设】面板中展开【颜色校正】特效组，双击色相/饱和度特效，如图4.145所示，效果如图4.146所示。

图4.145 添加【色相/饱和度】特效

图4.146 色相/饱合度效果

步骤07 在【效果控件】面板中，勾选【彩色化】复选框，设置【着色色相】数值为25，【着色饱和度】数值为20，如图4.147所示，效果如图4.148所示。

图4.147 设置【色相/饱和度】参数

图4.148 设置后效果

步骤08 选中"调节"层，在【效果和预设】面板中展开【颜色校正】特效组，双击【曲线】特效，如图4.149所示，默认曲线形状如图4.150所示。

图4.149 添加【曲线】特效

图4.150 默认曲线形状

步骤09 在【效果控件】面板中调整曲线形状，如图
4.151所示，画面效果如图4.152所示。

图4.152 曲线效果

步骤10 这样就完成了"老电影"动画的制作，按小
键盘上的0键预览其中几帧动画，效果如图4.153所
示。

图4.151 调整曲线形状

图4.153 其中几帧动画效果

第**5**章
Chapter

视频路径
movie /5.1 神奇的眼睛.avi
movie /5.2 伤痕愈合.avi
movie /5.3 脸上的蠕虫.avi

影视恐怖特效合成

内容摘要

本章主要讲解影视恐怖特效合成的制作。利用【分形杂色】特效、CC Sphere（CC球体）特效制作出睛体效果，利用【简单阻塞工具】特效制作出伤口愈合效果，利用【CC 玻璃】特效及蒙版工具的使用，制作出蠕虫爬动的效果。

教学目标

☐ 了解蒙版工具的使用与图层模式

☐ 【分形杂色】特效

☐ CC Sphere（CC球体）特效

5.1　神奇的眼睛

• 特效解析

本例主要讲解【分形杂色】特效、CC Sphere（CC球体）特效的应用及蒙版的使用。完成的动画流程画面如图5.1所示。

图5.1 动画流程画面

● 学习目标

通过本例的制作，学习【分形杂色】特效与通道模式的设置及使用方法，掌握眼睛血丝的制作。

● 操作步骤

5.1.1　制作眼球合成　▸▸

步骤01 执行菜单栏中的【合成】|【新建合成】命令，打开【合成设置】对话框，设置【合成名称】为眼球，【宽度】数值为800px，【高度】数值为400px，【帧速率】为25帧/秒，并设置【持续时间】为00:00:05:00秒，如图5.2所示。

图5.2　【合成设置】对话框

步骤02 执行菜单栏中的【文件】|【导入】|【文件】命令，打开【导入文件】对话框，选择云盘下载中的"工程文件\第5章\神奇的眼睛\eye.png、头部.png"素材，如图5.3所示。单击【导入】按钮，"eye.png、头部.png"素材将导入到【项目】面板中。

图5.3　【导入文件】对话框

步骤03 执行菜单栏中的【图层】|【新建】|【纯色】命令，打开【纯色设置】对话框，设置【名称】为背景，【宽度】数值为800像素，【高度】数值为400像素，【颜色】为淡蓝色（R:233；G:250；B:251），如图5.4所示。

图5.4　【纯色设置】对话框

步骤04 在【项目】面板中选择"eye.png"素材，将其拖动到"眼球"合成的时间线面板中，效果如图5.5所示。

图5.5　添加素材效果

步骤05 选中"eye.png"层，单击工具栏中的【向后平稳（锚点）工具】 ⊞ ，将"eye.png"层的中心点移到眼睛上，如图5.6所示。

图5.6 移动中心点到眼睛上

步骤06 按P键展开【位置】属性，设置【位置】数值为（400，200）；按S键展开【缩放】属性，设置【缩放】数值为（119，119）%，如图5.7所示。

图5.7 设置【位置】参数

步骤07 执行菜单栏中的【图层】|【新建】|【纯色】命令，打开【纯色设置】对话框，设置【名称】为红蒙版，【颜色】为红色（R:208；G:5；B:29），如图5.8所示。

图5.8 【纯色设置】对话框

步骤08 选中"红蒙版"层，选择工具栏中的【椭圆工具】，在"眼球"合成中绘制一个圆形蒙版，如图5.9所示。

图5.9 绘制圆形蒙版

步骤09 展开【蒙版 1】选项组，在【蒙版 1】右侧下拉列表中选择【相减】，设置【蒙版羽化】数值为（20，20）像素，【蒙版扩展】数值为8像素，如图5.10所示。

图5.10 设置【蒙版1】选项组参数

步骤10 执行菜单栏中的【图层】|【新建】|【纯色】命令，打开【纯色设置】对话框，设置【名称】为血丝，【颜色】为暗红色（R:83；G:18；B:25），如图5.11所示。

步骤11 选中"血丝"层，在【效果和预设】面板中展开【杂色和颗粒】特效组，双击【分形杂色】特效，如图5.12所示。

图5.11 【纯色设置】对话框

图5.12 添加【分形杂色】特效

图5.15 添加CC Vector Blur（CC矢量模糊）特效

步骤12 在【效果控件】面板中，设置【对比度】数值为211，【亮度】数值为-36；展开【变换】选项组，设置【缩放】数值为19，如图5.13所示，效果如图5.14所示。

图5.16 参数设置

步骤15 选中"红蒙版"层，设置其【轨道遮罩】为【亮度遮罩"血丝"】，如图5.17所示，效果如图5.18所示。

图5.13 参数设置

图5.17 通道模式设置

图5.14 设置后效果

步骤13 在【效果和预设】面板中展开【模糊和锐化】特效组，双击CC Vector Blur（CC矢量模糊）特效，如图5.15所示。

步骤14 在【效果控件】面板中设置Amount（数量）为12，如图5.16所示。

图5.18 设置后效果

步骤16 执行菜单栏中的【图层】|【新建】|【纯色】命令，打开【纯色设置】对话框，设置【名称】为眼肉，【颜色】为红色（R:186；G:3；B:24），如图5.19所示。

122

步骤17 选中"眼肉"层，在【效果和预设】面板中展开【杂色和颗粒】特效组，双击【分形杂色】特效，如图5.20所示。

图5.19　【纯色设置】对话框

图5.20　添加【分形杂色】特效

步骤18 在【效果控件】面板中，设置【复杂度】数值为5.5，从【混合模式】右侧下拉列表中选择【相乘】，如图5.21所示，此时画面效果如图5.22所示。

图5.21　参数设置

图5.22　设置后效果

步骤19 选中"眼肉"层，选择工具栏中的【椭圆工具】，在"眼肉"合成中绘制一个圆形蒙版，如图5.23所示。

图5.23　绘制圆形蒙版

步骤20 展开【蒙版1】选项组，在【蒙版 1】右侧下拉列表中选择【相减】，设置【蒙版羽化】数值为（82，82）像素，【蒙版扩展】数值为−35像素，如图5.24所示。

图5.24　设置【蒙版1】选项组参数

步骤21 执行菜单栏中的【图层】|【新建】|【纯色】命令，打开【纯色设置】对话框，设置【名称】为眼体，【颜色】为暗红色（R:104；G:25；B:35），如图5.25所示。

图5.25　【纯色设置】对话框

步骤22 选中"眼体"层，选择工具栏中的【椭圆工具】 ◯ ，在"眼体"合成中绘制一个圆形蒙版，如图5.26所示。

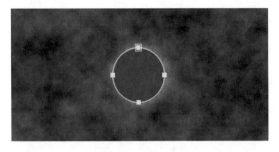

图5.26 绘制圆形蒙版

步骤23 展开【蒙版 1】选项组，在【蒙版 1】右侧下拉列表中选择【相减】，设置【蒙版羽化】数值为（60，60）像素，【蒙版扩展】数值为55像素，如图5.27所示。

图5.27 设置【蒙版1】参数

5.1.2 制作总合成

步骤01 执行菜单栏中的【合成】|【新建合成】命令，打开【合成设置】对话框，设置【合成名称】为总合成，【宽度】数值为1024px，【高度】数值为576px，【帧速率】为25帧/秒，并设置【持续时间】为00:00:05:00秒，如图5.28所示。

步骤02 在【项目】面板中合成，选择"眼球"合成，将其拖动到"总合成"时间线面板中，并重命名为"眼球1"合成，如图5.29所示。

图5.28 【合成设置】对话框

图5.29 添加合成

步骤03 选中"眼球1"合成，按P键展开【位置】属性，设置【位置】数值为（664，178）；按S键展开【缩放】属性，设置【缩放】数值为（31，31），如图5.30所示。

图5.30 参数设置

步骤04 选中"眼球1"合成，在【效果和预设】面板中展开【透视】特效组，双击CC Sphere（CC球体）特效，如图5.31所示，效果如图5.32所示。

图5.31 添加CC Sphere（CC球体）特效

图5.32 CC球体效果

步骤05 在【效果控件】面板中，展开Light（灯光）选项组，设置Light Intensity（灯光亮度）数值为0，如图5.33所示，效果如图5.34所示。

图5.33 设置Light（灯光）选项组参数

图5.34 设置后效果

步骤06 展开Shading（阴影）选项组，设置Ambient（环境光）数值为90，Diffuse（漫射光）数值为0，Specular（高光）数值为0，如图5.35所示，效果如图5.36所示。

图5.35 设置Shading（阴影）选项组参数

图5.36 设置后效果

步骤07 展开Rotation（旋转）选项组，将时间调整到00:00:00:00帧的位置，设置Rotation X（X轴旋转）数值为35，单击码表按钮，在当前位置添加关键帧；将时间调整到00:00:01:13帧的位置，设置Rotation X（X轴旋转）数值为0，系统会自动创建关键帧，如图5.37所示。

图5.37 关键帧设置

步骤08 在【项目】面板中，再次选择"眼球"合成，将其拖动到"总合成"时间线面板中，并重命名为"眼球2"合成，如图5.38所示。

图5.38 添加合成

步骤09 选中"眼球2"合成，按P键展开【位置】属性，设置【位置】数值为（348，173）；按S键展开【缩放】属性，设置【缩放】数值为（31，31）%，如图5.39所示。

图5.39 参数设置

步骤10 选中"眼球2"合成，在【效果和预设】面板中展开【透视】特效组，然后双击CC Sphere（CC 球体）特效，如图5.40所示，此时画面效果如图5.41所示。

图5.40 添加CC Sphere（CC 球体）特效

图5.43 设置后效果

图5.44 设置Shading（阴影）选项组参数

图5.41 CC球体效果

步骤11 在【效果控件】面板中，展开Light（灯光）选项组，设置Light Intensity（灯光亮度）数值为0，如图5.42所示，效果如图5.43所示。

步骤12 展开Shading（阴影）选项组，设置Ambient（环境光）数值为90，Diffuse（漫射光）数值为0，Specular（高光）数值为0，如图5.44所示，效果如图5.45所示。

图5.45 设置后效果

步骤13 在【项目】面板中选择"头部.png"素材，将其拖动到"总合成"时间线面板中，如图5.46所示。

图5.46 添加素材

步骤14 这样"神奇的眼睛"动画就制作完成了，按

图5.42 设置Light（灯光）选项组参数

小键盘上的0键预览其中几帧动画效果，如图5.47所示。

图5.47 其中几帧动画效果

5.2 伤痕愈合

● 特效解析

　　本例主要讲解【简单阻塞工具】特效、【曲线】特效的应用及通道模式的使用，完成的动画流程画面如图5.48所示。

图5.48 动画流程画面

● 学习目标

　　通过本例的制作，学习【简单阻塞工具】特效的参数设置及使用方法。

● 操作步骤

5.2.1 制作伤痕合成

步骤01 执行菜单栏中的【合成】|【新建合成】命令，打开【合成设置】对话框，设置【合成名称】为伤痕，【宽度】数值为1024px，【高度】数值为576px，【帧速率】为25帧/秒，并设置【持续时间】为00:00:05:00秒，如图5.49所示。

步骤02 执行菜单栏中的【文件】|【导入】|【文件】命令，打开【导入文件】对话框，选择云盘下载中的"工程文件\第5章\伤痕愈合\背景图片.jpg、伤痕.jpg"素材，如图5.50所示。单击【导入】按钮，"背景图片.jpg、伤痕.jpg"素材将导入到【项目】面板中。

图5.49 【合成设置】对话框

图5.50 【导入文件】对话框

步骤03 执行菜单栏中的【图层】|【新建】|【纯色】命令，打开【纯色设置】对话框，设置【名称】为蒙版1，【宽度】数值为300像素，【高度】数值为300像素，【颜色】为黑色，如图5.51所示，画面效果如图5.52所示。

图5.51 【纯色设置】对话框

图5.52 "蒙版1"效果

步骤04 在【项目】面板中选择"划痕.jpg"素材，将其拖动到"伤痕"合成时间线面板中，如图5.53所示。

图5.53 添加素材

步骤05 选中"划痕"层，按P键展开【位置】属性，设置【位置】数值为（555，271），如图5.54所示。

图5.54 设置【位置】属性

步骤06 选中"蒙版1"层，选择工具栏中的【钢笔工具】，合成窗口中绘制闭合蒙版，如图5.55所示。

图5.55 绘制闭合蒙版

步骤07 按S键展开【缩放】属性，设置【缩放】数值为（85，85）%；按P键展开【位置】属性，设置【位置】数值为（548，268），如图5.56所示。

图5.56 参数设置

步骤08 选中"蒙版1"层，设置该层的【轨道遮罩】为【亮度反转遮罩"[划痕.jpg]"】，如图5.57所示，效果如图5.58所示。

图5.57 通道模式设置

图5.58 设置后效果

步骤09 选中"划痕"层，在【效果和预设】面板中展开【颜色校正】特效组，双击【曲线】特效，如图5.59所示，默认曲线形状如图5.60所示。

图5.59 添加【曲线】特效

图5.60 默认曲线形状

步骤10 在【效果控件】面板中调整曲线形状，如图5.61所示，些时画面效果如图5.62所示。

图5.61 调整曲线形状

图5.62 曲线效果

步骤11 执行菜单栏中的【图层】|【新建】|【纯色】命令，打开【纯色设置】对话框，设置【名称】为蒙版2，【宽度】数值为300像素，【高度】数值为300像素，【颜色】为黑色，如图5.63所示，画面效果如图5.64所示。

图5.63 【纯色设置】对话框

图5.64 "蒙版2"效果

步骤12 在【项目】面板中,再次选择"划痕.jpg"素材,将其拖动到"伤痕"合成时间线面板中,按Enter键重新命名为"划痕2.jpg"层,如图5.65所示。

图5.65 添加素材

步骤13 选中"划痕2"层,按P键展开【位置】属性,设置【位置】数值为(530,257);按R键展开【旋转】属性,设置【旋转】数值为244,如图5.66所示。

步骤14 选中"蒙版2"层,选择工具栏中的【钢笔工具】,在合成窗口中绘制闭合蒙版,如图5.67所示。

图5.66 参数设置

图5.67 绘制闭合蒙版

步骤15 按S键展开【缩放】属性,设置【缩放】数值为(85,85)%;按P键展开【位置】属性,设置【位置】数值为(523,254);按R键展开【旋转】属性,设置【旋转】数值为244,如图5.68所示。

图5.68 参数设置

步骤16 选中"蒙版2"层,设置该层的【轨道遮罩】为【亮度反转遮罩"划痕2.jpg"】,如图5.69所示,效果如图5.70所示。

图5.69 通道模式设置

图5.70　设置后效果

步骤17 选中"划痕2"层，在【效果和预设】面板中展开【颜色校正】特效组，双击【曲线】特效，如图5.71所示，默认曲线形状如图5.72所示。

图5.71　添加【曲线】特效

图5.72　默认曲线形状

步骤18 在【效果控件】面板中调整曲线形状，如图5.73所示，些时画面效果如图5.74所示。

图5.73　调整曲线形状

图5.74　曲线效果

5.2.2　制作伤痕动画

步骤01 上面的操作已制作好了"伤痕"合成，下面来制作"伤痕动画"合成。执行菜单栏中的【合成】|【新建合成】命令，打开【合成设置】对话框，设置【合成名称】为伤痕动画，【宽度】数值为1024px，【高度】数值为576px，【帧速率】为25帧/秒，并设置【持续时间】为00:00:05:00秒。

步骤02 在【项目】面板中选择"伤痕"合成，将其拖动到"伤痕动画"合成时间线面板中，如图5.75所示。

图5.75　添加合成

步骤03 选择"伤痕"层，在【效果和预设】面板中展开【遮罩】特效组，双击【简单阻塞工具】特效，如图5.76所示，效果如图5.77所示。

图5.76 添加【简单阻塞工具】特效

图5.77 简单阻塞工具效果

步骤04 在时间线面板中，将时间调整到00:00:00:00帧的位置，设置【阻塞遮罩】的数值为0，单击码表 ⏱ 按钮，在当前位置添加关键帧；

将时间调整到00:00:00:15帧的位置，设置【阻塞遮罩】数值为0.6，系统会自动创建关键帧；将时间调整到00:00:01:03帧的位置，设置【阻塞遮罩】数值为1；将时间调整到00:00:01:16帧的位置，设置【阻塞遮罩】数值为1.5；将时间调整到00:00:02:06帧的位置，设置【阻塞遮罩】数值为2；将时间调整到00:00:02:20帧的位置，设置【阻塞遮罩】数值为3；将时间调整到00:00:03:08帧的位置，设置【阻塞遮罩】数值为5，将时间调整到00:00:03:22帧的位置，设置【阻塞遮罩】数值为7.7，如图5.78所示。

图5.78 关键帧设置

● 提示

【简单阻塞工具】特效主要用于对带有Alpha通道的图像进行控制，可以收缩和描绘Alpha通道图像的边缘，修改边缘的效果。

5.2.3 制作总合成

步骤01 执行菜单栏中的【合成】|【新建合成】命令，打开【合成设置】对话框，设置【合成名称】为总合成，【宽度】数值为1024px，【高度】数值为576px，【帧速率】为25帧/秒，并设置【持续时间】为00:00:05:00秒。

步骤02 在【项目】面板中选择"背景图片.jpg、划痕动画"素材，将其拖动到"总合成"时间线面板中，如图5.79所示。

图5.79 添加素材

步骤03 选中"划痕动画"层，单击隐藏 👁 按钮，将"划痕动画"层隐藏，如图5.80所示。

图5.80 隐藏"划痕动画"层

步骤04 选中"背景图片"层，在【效果和预设】面板中展开【风格化】特效组，双击CC Glass（CC玻璃）特效，如图5.81所示，效果如图5.82所示。

图5.81 添加CC Glass（CC玻璃）特效

图5.82 CC玻璃效果

步骤05 在【效果控件】面板中展开Surface（表面）选项组，从Bump Map（凹凸贴图）右侧下拉列表中选择【1.划痕动画】，设置Softness（柔化）数值为0，Height（高度）数值为−5，Displacement（置换）数值为50，如图5.83所示，效果如图5.84所示。

图5.83 设置Surface（表面）选项组参数

图5.84 设置后效果

步骤06 展开Light（灯光）选项组，设置Light Height（灯光高度）数值为50，Light Direction（灯光方向）数值为−31，如图5.85所示，效果如图5.86所示。

图5.85 设置Light（灯光）选项组参数

图5.86 设置后效果

步骤07 选中"划痕动画"层，单击隐藏 按钮，将"划痕动画"层显示，并设置其图层模式为【经典颜色加深】，如图5.87所示。

图5.87 图层模式设置

步骤08 在【效果和预设】面板中展开【颜色校正】特效组，双击【色调】特效，如图5.88所示，效果如图5.89所示。

图5.88 添加【色调】特效

图5.89 色调效果

步骤09 在【效果控件】面板中，设置【将黑色映射到】颜色为深红色（R:108；G:34；B:34），如图5.90所示，效果如图5.91所示。

图5.90 设置【将黑色映射到】颜色

图5.91 设置后效果

步骤10 在【效果和预设】面板中展开【模糊和锐化】特效组,然后双击【快速模糊】特效,如图5.92所示。

图5.92 添加【快速模糊】特效

步骤11 在【效果控件】面板中设置【模糊度】数值为2,如图5.93所示。

图5.93 设置【模糊度】参数

步骤12 在【项目】面板中,再次选择"划痕动画"素材,将其拖动到"总合成"时间线面板中,按Enter键重命名为"划痕动画2"层,并设置其图层模式为【经典颜色减淡】,如图5.94所示。

图5.94 添加素材

步骤13 选中"划痕动画2"层,在【效果和预设】面板中展开【颜色校正】特效组,双击【色调】特效,如图5.95所示,效果如图5.96所示。

图5.95 添加【色调】特效

图5.96 色调效果

步骤14 在【效果控件】面板中,设置【将黑色映射到】颜色为深红色(R:72;G:0;B:0),如图5.97所示,效果如图5.98所示。

图5.97 设置【将黑色映射到】颜色

图5.98 设置后效果

步骤15 选中"划痕动画2"层,在【效果和预设】面板中展开【模糊和锐化】特效组,双击【快速模糊】特效,如图5.99所示。

图5.99 添加【快速模糊】特效

步骤16 在【效果控件】面板中设置【模糊度】数值为20,如图5.100所示。

图5.100 设置【模糊度】参数

步骤17 选中"划痕动画2"层，在【效果和预设】面板中展开【风格化】特效组，双击【发光】特效，如图5.101所示。

图5.101 添加【发光】特效

步骤18 在【效果控件】面板中设置【发光半径】数值为0，如图5.102所示。

图5.102 设置【发光半径】参数

步骤19 执行菜单栏中的【图层】|【新建】|【纯色】命令，打开【纯色设置】对话框，设置【名称】为蓝色蒙版，【宽度】数值为720像素，【高度】数值为576像素，【颜色】为蓝色（R：3；G：71；B：174）。

步骤20 选中"蓝色蒙版"层，按T键展开【不透明度】属性，设置【不透明度】数值为40%，并修改其图层模式为【柔光】，如图5.103所示。

图5.103 参数设置

步骤21 选中"蓝色蒙版"层，选择工具栏中的【椭圆工具】，在"总合成"窗口中绘制椭圆蒙版，如图5.104所示。

步骤22 选中"蒙版 1"层，按F键展开【蒙版羽化】属性，设置【蒙版羽化】数值为（60，60），效果如图5.105所示。

图5.104 绘制椭圆蒙版

图5.105 蒙版羽化效果

步骤23 再次选择工具栏中的【椭圆工具】，在"总合成"窗口中绘制椭圆蒙版2，如图5.106所示。

图5.106 绘制椭圆蒙版2

步骤24 选中"蒙版2"层，按F键展开【蒙版羽化】属性，设置【蒙版羽化】数值为（60，60），效果如图5.107所示。

图5.107 蒙版羽化效果

步骤25 这样就完成了"伤痕愈合"动画的整体制作，按小键盘上的0键预览动画。

5.3 脸上的蠕虫

● 特效解析

本例主要讲解CC Glass（CC 玻璃）特效、【曲线】特效的应用及蒙版工具的使用。完成的动画流程画面如图5.108所示。

图5.108 动画流程画面

● 学习目标

通过本例的制作，学习CC Glass（CC 玻璃）特效的参数设置及使用方法，掌握脸上的蠕虫的制作方法。

● 操作步骤

5.3.1 制作蒙版合成

步骤01 执行菜单栏中的【合成】|【新建合成】命令，打开【合成设置】对话框，设置【合成名称】为蒙版，【宽度】数值为1024px，【高度】数值为576px，【帧速率】为25帧/秒，并设置【持续时间】为00:00:05:00秒，如图5.109所示。

图5.109 【合成设置】对话框

步骤02 执行菜单栏中的【文件】|【导入】|【文件】命令，打开【导入文件】对话框，选择云盘下载中的"工程文件\第5章\脸上的蠕虫\背景.jpg"素材，如图5.110所示。单击【导入】按钮，"背景.jpg"素材将导入到【项目】面板中。

图5.110 【导入文件】对话框

步骤03 在【项目】面板中选择"背景.jpg"素材，将其拖动到"蒙版"合成时间线面板中，如图5.111所示。

图5.111 添加素材

步骤04 执行菜单栏中的【图层】|【新建】|【纯色】命令，打开【纯色设置】对话框，设置【名称】为白色蒙版1，【宽度】数值为1024像素，【高度】数值为576像素，【颜色】为白色，如图5.112所示。

图5.112 【纯色设置】对话框

步骤05 选中"白色蒙版1"层，选择工具栏中的【椭圆工具】，在合成窗口中心绘制一个椭圆蒙版，如图5.113所示。

图5.113 绘制椭圆蒙版

步骤06 选中"白色蒙版1"层，按F键展开【蒙版羽化】属性，设置【蒙版羽化】数值为（10，10）像素，如图5.114所示。

图5.114 设置【蒙版羽化】参数

步骤07 选中"白色蒙版1"层，按T键展开【不透明度】属性，设置【不透明度】数值为60%；按P键展开【位置】属性，将时间调整到00:00:00:00帧的位置，设置【位置】数值为（541，594），单击码表按钮，在当前位置添加关键帧。

步骤08 将时间调整到00:00:00:19帧的位置，设置【位置】数值为（513，423），系统会自动创建关键帧；将时间调整到00:00:01:18帧的位置，设置【位置】数值为（469，256）；将时间调整到00:00:02:15帧的位置，设置【位置】数值为（506，85），如图5.115所示。

图5.115 关键帧设置

步骤09 在"白色蒙版1"层上单击鼠标右键，从弹出的快捷菜单中选择【变换】|【自动定向】命令，打开【自动方向】对话框，选中【沿路径定向】单

选按钮，单击【确定】按钮，如图5.116所示。

步骤10 按R键展开【旋转】属性，设置【旋转】数值为-84，如图5.117所示。

图5.116 【自动方向】对话框

图5.117 设置【旋转】参数

步骤11 观看"白色蒙版1"层的运动动画，如图5.118所示。

图5.118 "白色蒙版1"运动动画

步骤12 执行菜单栏中的【图层】|【新建】|【纯色】命令，打开【纯色设置】对话框，设置【名称】为白色蒙版2，【宽度】数值为1024像素，【高度】数值为576像素，【颜色】为白色，如图5.119所示。

步骤13 选中"白色蒙版2"层，选择工具栏中的【椭圆工具】 ，在合成窗口中心绘制一个椭圆蒙版，如图5.120所示。

图5.119 【纯色设置】对话框

图5.120 绘制椭圆蒙版

步骤14 选中"白色蒙版2"层，按F键展开【蒙版羽化】属性，设置【蒙版羽化】数值为（10，10）像素，如图5.121所示。

步骤15 选中"白色蒙版2"层，按T键展开【不透明度】属性，设置【不透明度】数值为60%；将时间调整到00:00:00:00帧的位置，按P键展开【位置】属性，设置【位置】数值为（559，564），单击码表 按钮，在当前位置添加关键帧。

图5.121 设置【蒙版羽化】参数

步骤16 将时间调整到00:00:00:19帧的位置，设置【位置】数值为（517，360）；将时间调整到00:00:01:07帧的位置，设置【位置】数值为（518，299）；将时间调整到00:00:01:18帧的位置，设置【位置】数值为（566，268）；将时间调整到00:00:02:15帧的位置，设置【位置】数值为（524，55），如图5.122所示。

图5.122 关键帧设置

步骤17 在"白色蒙版2"层上单击鼠标右键，从弹出的快捷菜单中选择【变换】||【自动定向】命令，打开【自动方向】对话框，选中【沿路径定向】单选按钮，单击【确定】按钮，如图5.123所示。

图5.123 【自动方向】对话框

步骤18 按R键展开【旋转】属性，设置【旋转】数值为-84，如图5.124所示。

图5.124 设置【旋转】参数

步骤19 观看"白色蒙版2"层的运动动画，如图5.125所示。

图5.125 "白色蒙版2"运动动画

步骤20 执行菜单栏中的【图层】||【新建】||【纯色】命令，打开【纯色设置】对话框，设置【名称】为白色蒙版3，【宽度】数值为1024像素，【高度】数值为576像素，【颜色】为白色，如图5.126所示。

图5.126 【纯色设置】对话框

步骤21 选中"白色蒙版3"层，选择工具栏中的【椭圆工具】 ，在合成窗口中绘制一个椭圆蒙版，如图5.127所示。

图5.127 绘制椭圆蒙版

步骤22 选中"白色蒙版3"层，按F键展开【蒙版羽化】属性，设置【蒙版羽化】数值为（10，10）像素，如图5.128所示。

图5.128 设置【蒙版羽化】参数

步骤23 选中"白色蒙版3"层，按T键展开【不透明度】属性，设置【不透明度】数值为60%；将时间调整到00:00:00:00帧的位置，按P键展开【位置】属性，设置【位置】数值为（565，638），单击码表按钮，在当前位置添加关键帧。

步骤24 将时间调整到00:00:00:19帧的位置，设置【位置】数值为（544，480）；将时间调整到00:00:01:07帧的位置，设置【位置】数值为（510，393）；将时间调整到00:00:01:18帧的位置，设置【位置】数值为（499，325）；将时间调整到00:00:02:15帧的位置，设置【位置】数值为（530，129），如图5.129所示。

图5.129 关键帧设置

步骤25 在"白色蒙版3"层上单击鼠标右键，从弹出的快捷菜单中选择【变换】|【自动定向】命令，打开【自动方向】对话框，选中【沿路径定向】单选按钮，单击【确定】按钮，如图5.130所示。

图5.130 【自动方向】对话框

步骤26 按R键展开【旋转】属性，设置【旋转】数值为-84，如图5.131所示。

图5.131 设置【旋转】参数

步骤27 观看"白色蒙版3"层的运动动画，如图5.132所示。

图5.132 "白色蒙版3"运动动画

步骤28 执行菜单栏中的【图层】|【新建】|【纯色】命令，打开【纯色设置】对话框，设置【名称】为遮罩层，【宽度】数值为1024像素，【高度】数值为576像素，【颜色】为白色，如图5.133所示。

图5.133 【纯色设置】对话框

步骤29 选中"遮罩层"，选择工具栏中的【钢笔工具】，在合成窗口下方绘制一个闭合蒙版，如图5.134所示。

图5.134 绘制下方蒙版

步骤30 再次选择工具栏中的【钢笔工具】，在合成窗口上方绘制一个闭合蒙版，如图5.135所示。

步骤31 选中"蒙版1、蒙版2"层，按F键展开【蒙版羽化】属性，设置【蒙版羽化】数值为（5，5）像素，效果如图5.136所示。

图5.135 绘制上方蒙版

图5.136 蒙版羽化效果

步骤32 选中"遮罩层"层，设置该层的图层模式为【轮廓Alpha】，如图5.137所示。

图5.137 图层模式设置

●提示

使用【钢笔工具】绘制下方的蒙版要遮盖住人物的衣领，上方的蒙版要遮盖住头发。

步骤33 选中"背景.jpg"层，单击该层左侧的显示与隐藏按钮，将其隐藏，如图5.138所示。

图5.138 隐藏"背景.jpg"层

步骤34 这样就完成了"蒙版"合成的制作，预览其中几帧动画效果，如图5.139所示。

图5.139 其中几帧动画效果

5.3.2 制作变形合成

步骤01 执行菜单栏中的【合成】|【新建合成】命令，打开【合成设置】对话框，设置【合成名称】为变形，【宽度】数值为1024px，【高度】数值为576px，【帧速率】为25帧/秒，并设置【持续时间】为00:00:05:00秒。

步骤02 在【项目】面板中选择"蒙版"合成，将其拖动到"变形"合成时间线面板中，如图5.140所示。

图5.140 添加合成

步骤03 选中"蒙版"合成，在【效果和预设】面板中展开【颜色校正】特效组，双击【曲线】特效，如图5.141所示，默认曲线形状如图5.142所示。

图5.141 添加【曲线】特效

图5.142 默认曲线形状

步骤04 在【效果控件】面板中，从【通道】下拉列表中选择【Alpha】，调整曲线形状如图5.143所示，效果如图5.144所示。

图5.143 调整曲线形状

图5.144 曲线效果

5.3.3 制作总合成

步骤01 执行菜单栏中的【合成】|【新建合成】命令，打开【合成设置】对话框，设置【合成名称】为总合成，【宽度】数值为1024px，【高度】数值为576px，【帧速率】为25帧/秒，并设置【持续时间】为00:00:05:00秒。

步骤02 在【项目】面板中选择"背景.jpg"素材、"蒙版"合成，分别将其拖动到"总合成"时间线面板中，如图5.145所示。

图5.145　添加素材

步骤03 选中"背景.jpg"层，在【效果和预设】面板中展开【风格化】特效组，双击CC Glass（CC玻璃）特效，如图5.146所示，效果如图5.147所示。

图5.146　添加CC Glass（CC 玻璃）特效

图5.147　CC玻璃效果

● 提示

CC Glass（CC 玻璃）特效通过检查物体的轮廓，从而产生玻璃凸起的效果。

步骤04 在【效果控件】面板中展开Surface（表面）选项组，从Bump Map（凹凸贴图）右侧的列表框选择【1.蒙版】，从Property（特性）右侧的下拉列表中选择Alpha（Alpha通道），设置Softness（柔化）数值为1，【高度】数值为21，Displacement（置换）数值为20，如图5.148所示，画面效果如图5.149所示。

图5.148　设置Surface（表面）选项组参数

图5.149　设置后效果

步骤05 展开Light（灯光）选项组，设置Light Intensity（灯光强度）数值为80，Light Height（灯光高度）数值为33，如图5.150所示，效果如图5.151所示。

图5.150　设置Light（灯光）选项组参数

图5.151　设置后效果

步骤06 展开Shading（阴影）选项组，设置Ambient（环境光）数值为73，Diffuse（漫射光）数值为43，Specular（反射）数值为17，Roughness（粗糙度）数值为0.064，如图5.152所示，效果如图5.153所示。

图5.152 设置Shading（阴影）选项组参数

图5.153 设置后效果

步骤07 选中"蒙版"层，单击该层左侧的显示与隐藏⊙按钮，将该层隐藏，如图5.154所示。

图5.154 隐藏"蒙版"层

步骤08 执行菜单栏中的【图层】|【新建】|【调整图层】命令，在"总合成"时间面板中，按Enter键重新命名为"颜色调节"层，如图5.155所示。

图5.155 重命名设置

步骤09 选中"颜色调节"层，在【效果和预设】面板中展开【颜色校正】特效组，双击【颜色平衡】特效，如图5.156所示，默认参数如图5.157所示。

图5.156 添加【颜色平衡】特效

图5.157 默认参数

步骤10 在【效果控件】面板中设置【颜色平衡】特效的参数，如图5.158所示，效果如图5.159所示。

图5.158 参数设置

图5.159 设置后效果

步骤11 继续添加特效调节颜色，选中"颜色调节"层，在【效果和预设】面板中展开【颜色校正】特效组，然后双击【曲线】特效，如图5.160所示，默认曲线形状如图5.161所示。

图5.160 添加【曲线】特效

图5.161 默认曲线形状

步骤12 在【效果控件】面板中，调整曲线形状如图5.162所示，效果如图5.163所示。

图5.162 调整曲线形状

图5.163 曲线效果

步骤13 在【项目】面板中选择"蒙版"合成，将其拖动到"总合成"时间线面板中，如图5.164所示。

图5.164 添加合成

步骤14 选中"蒙版"层，按Enter键重新命名为"蒙版颜色"层，如图5.165所示。

图5.165 重命名设置

步骤15 选中"蒙版颜色"层，在【效果和预设】面板中展开【颜色校正】特效组，双击【曲线】特效，如图5.166所示，默认曲线形状如图5.167所示。

图5.166 添加【曲线】特效

图5.167 默认曲线形状

步骤16 在【效果控件】面板中，从【通道】下拉列表中选择【Alpha】通道，调整曲线形状，如图

5.168所示，效果如图5.169所示。

图5.168 调整曲线形状

图5.169 曲线效果

步骤17 选中"颜色调节"层，设置其【轨道遮罩】为【Alpha 遮罩"蒙版颜色"】，如图5.170所示，效果如图5.171所示。

图5.170 通道模式设置

图5.171 设置后效果

步骤18 下面制作阴影层。在【项目】面板中选择"蒙版"合成，将其拖动到"总合成"时间线面板中，如图5.172所示。

图5.172 添加合成

步骤19 选中"蒙版"层，按Enter键重新命名为"阴影"，按P键展开【位置】属性，设置【位置】数值为（517，285），如图5.173所示。

图5.173 重命名设置

步骤20 选中"阴影"层，在【效果和预设】面板中展开【颜色校正】特效组，双击【曲线】特效，如图5.174所示，默认曲线形状如图5.175所示。

图5.174 添加【曲线】特效

图5.175 默认曲线形状

步骤21 在【效果控件】面板中，在【通道】下拉列表中选择【RGB】，调整曲线形状，如图5.176所示。

步骤22 在【通道】下拉列表中选择【Alpha】，调整曲线形状如图5.177所示。

图5.176 【RGB】通道调整

图5.177 【Alpha】通道调整

步骤23 更改颜色，在【效果和预设】面板中展开【颜色校正】特效组，双击【色调】特效，如图5.178所示，效果如图5.179所示。

图5.178 添加【色调】特效

图5.179 色调效果

步骤24 在【效果控件】面板中，设置【将黑色映射到】颜色为黑色，如图5.180所示，效果如图5.181所示。

图5.180 设置【将黑色映射到】颜色

图5.181 设置后效果

步骤25 设置模糊效果。在【效果和预设】面板中展开【模糊和锐化】特效组，双击【快速模糊】特效，如图5.182所示。

步骤26 在【效果控件】面板中，设置【模糊度】数值为15，如图5.183所示。

图5.182 添加【快速模糊】特效

图5.183 设置【模糊度】参数

步骤27 选中"阴影"层，设置该层的图层模式为【叠加】，如图5.184所示。

图5.184 图层模式设置

步骤28 在【项目】面板中选择"蒙版"合成，将其拖动到"总合成"时间线面板中，如图5.185所示。

图5.185 添加合成

步骤29 选中"蒙版"层，按Enter键重新命名为"蒙版阴影"层，如图5.186所示。

图5.186 重命名设置

步骤30 选中"蒙版阴影"层，在【效果和预设】面板中展开【颜色校正】特效组，双击【曲线】特效，如图5.187所示，默认曲线形状如图5.188所示。

图5.187 添加【曲线】特效

图5.188 默认曲线形状

步骤31 在【效果控件】面板中，在【通道】下拉列表中选择【RGB】，调整曲线形状如图5.189所示。

步骤32 在【通道】下拉列表中选择【Alpha】，调整曲线形状，如图5.190所示。

图5.189 【RGB】通道调整

图5.190 【Alpha】通道调整

步骤33 选中"阴影"层，设置该层的【轨道遮罩】为【Alpha反转遮罩"蒙版阴影"】，如图5.191所示，效果如图5.192所示。

图5.191 通道模式设置

图5.192 设置后效果

步骤34 制作变形。在【项目】面板中选择"变形"合成，将其拖动到"总合成"的时间线面板中，如图5.193所示。

图5.193 添加合成

步骤35 选中"变形"层，按Enter键重新命名为"蒙版变形"层，如图5.194所示。

图5.194 重命名设置

步骤36 执行菜单栏中的【图层】|【新建】|【调整图层】命令，在"总合成"时间面板中，按Enter键重新命名为"变形"层，如图5.195所示。

图5.195 重命名设置

步骤37 选中"变形"层，在【效果和预设】面板中展开【扭曲】特效组，双击【置换图】特效，如图5.196所示，效果如图5.197所示。

图5.196 添加【置换图】特效

图5.197 置换图效果

步骤38 在【效果控件】面板中，设置【置换图层】为【2.蒙版变形】，从【用于水平置换】下拉列表中选择【明亮度】，【最大水平置换】数值为6，从【用于垂直置换】右侧的下拉列表中选择【明亮度】，【最大垂直置换】数值为−8，如图5.198所示，效果如图5.199所示。

图5.198 参数设置

图5.199 设置后效果

步骤39 选中"蒙版变形"层，单击该层左侧的显示与隐藏按钮，将该层隐藏，如图5.200所示，效果如图5.201所示。

图5.200 隐藏"蒙版变形"层 　　　　　　图5.201 隐藏后效果

步骤40 这样就完成了"脸上的蠕虫"动画的制作，按小键盘上的0键预览其中几帧动画，如图5.202所示。

图5.202 其中几帧动画效果

第**6**章
Chapter

视频路径
movie /6.1 飞行烟雾.avi
movie /6.2 高楼坍塌.avi

影视烟雾及爆炸特效合成

内容摘要

　　本章主要讲解影视烟雾及爆炸特效合成的制作。学习以灯光层作为粒子的运动路径，制作出飞形烟雾效果，利用破碎制作高楼坍塌，利用粒子制作光速球效果，掌握层的图层模式的应用。

教学目标

- ❑ 了解灯光层作为粒子运动路径的制作方法
- ❑ Particular（粒子）特效

- ❑ 【破碎】特效
- ❑ 【梯度渐变】特效

6.1　飞行烟雾

● **特效解析**

　　本例主要讲解Particular（粒子）特效的及【灯光】层的使用。完成的动画流程画面如图6.1所示。

图6.1 动画流程画面

● 学习目标

通过本例的制作，学习Particular（粒子）特效的参数设置及【灯光】层的使用方法，掌握烟雾的制作。

● 操作步骤

6.1.1　制作烟雾合成　　　▶▶

步骤01 执行菜单栏中的【合成】|【新建合成】命令，打开【合成设置】对话框，设置【合成名称】为烟雾，【宽度】数值为300px，【高度】数值为300px，【帧速率】为25帧/秒，并设置【持续时间】为00:00:03:00秒，如图6.2所示。

图6.2　【合成设置】对话框

步骤02 执行菜单栏中的【文件】|【导入】|【文件】命令，打开【导入文件】对话框，选择云盘下载中的"工程文件\第6章\飞形烟雾\背景.jpg、large_smoke.jpg"素材，如图6.3所示。单击【导入】按钮，"背景.jpg、large_smoke.jpg"素材将导入到【项目】面板中。

图6.3　【导入文件】对话框

步骤03 为了操作方便，执行菜单栏中的【图层】|【新建】|【纯色】命令，打开【纯色设置】对话框，设置【名称】为黑背景，【宽度】数值为300像素，【高度】数值为300像素，【颜色】为黑色，如图6.4所示。

图6.4　"黑背景"纯色设置

步骤04 执行菜单栏中的【图层】|【新建】|【纯色】命令，打开【纯色设置】对话框，设置【名称】为叠加层，【宽度】数值为300像素，【高度】数值为300像素，【颜色】为白色，如图6.5所示。

图6.5　"叠加层"纯色设置

步骤05 在【项目】面板中选择"large_smoke.jpg"素材，将其拖动到"烟雾"合成的时间线面板中，如图6.6所示。

图6.6 添加素材

步骤06 选中"large_smoke.jpg"层，按S键展开【缩放】属性，取消【约束比例】 按钮，设置【缩放】数值为（47，61）%，如图6.7所示。

图6.7 参数设置

步骤07 选中"叠加层"，设置【轨道遮罩】为【亮度遮罩"［large_smoke.jpg］"】，这样单独的云雾就被提出来了，如图6.8所示，效果如图6.9所示。

图6.8 通道设置

图6.9 云雾效果

步骤08 选中"黑背景"层，将该层删除，如图6.10所示。

图6.10 删除"黑背景"层

6.1.2　制作总合成

步骤01 执行菜单栏中的【合成】|【新建合成】命令，打开【合成设置】对话框，设置【合成名称】为总合成，【宽度】数值为1024px，【高度】数值为576px，【帧速率】为25帧/秒，并设置【持续时间】为00:00:03:00秒。

步骤02 打开"总合成"，在【项目】面板中选择"背景.jpg"素材，将其拖动到"总合成"时间线面板中，如图6.11所示。

图6.11 添加素材

步骤03 选中"背景.jpg"层，打开三维层按钮，按S键展开【缩放】属性，设置【缩放】数值为（105，105，105），如图6.12所示。

图6.12 设置【缩放】参数

步骤04 执行菜单栏中的【图层】|【新建】|【灯光】命令，打开【灯光设置】对话框，设置【名称】为"Emitter 1"，如图6.13所示，单击【确定】按钮，此时效果如图6.14所示。

图6.13 【灯光设置】对话框

图6.14 灯光效果

步骤05 将"总合成"窗口切换到【顶部】，如图6.15所示。

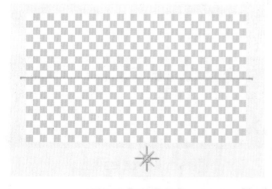

图6.15 【顶部】效果

步骤06 将时间调整到00:00:00:00帧的位置，选中"Emitter 1"层，按P键展开【位置】属性，设置【位置】数值为（698，153，−748），单击

码表 按钮，在当前位置添加关键帧；将时间调整到00:00:02:24帧的位置，设置【位置】数值为（922，464，580），系统会自动创建关键帧，如图6.16所示。

图6.16 关键帧设置

步骤07 选中"Emitter 1"层，按Alt键，同时用鼠标单击【位置】左侧的码表 按钮，在时间线面板中输入"wiggle(.6,150)"，如图6.17所示。

图6.17 表达式设置

步骤08 将"总合成"窗口切换到【活动摄像机】，如图6.18所示。

图6.18 视图切换

步骤09 在【项目】面板中选择"烟雾"合成，将其拖动到"总合成"时间线面板中，效果如图6.19所示。

图6.19 添加"烟雾"合成后效果

步骤10 选中"烟雾"层，单击该层左侧的显示与隐藏 按钮，将其隐藏，如图6.20所示。

图6.20 隐藏"烟雾"合成

步骤11 执行菜单栏中的【图层】|【新建】|【纯色】命令，打开【纯色设置】对话框，设置【名称】为粒子烟，【宽度】数值为1024像素，【高度】数值为576像素，【颜色】为黑色，如图6.21所示。

步骤12 选中"粒子烟"层，在【效果和预设】面板中展开Trapcode特效组，双击Particular（粒子）特效，如图6.22所示。

图6.21 【纯色设置】对话框

图6.22 添加Particular（粒子）特效

步骤13 在【效果控件】面板中，展开Emitter（发射器）选项组，设置Particles/sec（每秒发射的粒子数量）数值为200，在Emitter Type（发射器类型）右侧的下拉列表中选择【Light】，设置Velocity（速度）数值为7，Velocity Random（速度随机）数值为0，Velocity Distribution（速率分布）数值为0，Velocity from Motion（运动速度）数值为0，Emitter Size X（发射器X轴大小）数值为0，Emitter Size Y（发射器Y轴大小）数值为0，Emitter Size Z（发射器Z轴大小）数值为0，如图6.23所示，效果图6.24所示。

图6.23 设置Emitter（发射器）选项组参数

图6.24 设置后效果

步骤14 展开Particle（粒子）选项组，设置Life（生命）数值为3，在Particle Type（粒子类型）右侧的下拉列表中选择【Sprite】；展开Texture（纹理）选项组，在【图层】右侧的下拉列表中选择【2.烟雾】，如图6.25所示，效果图6.26所示。

图6.25 设置Particle（粒子）选项组参数

图6.26 设置后效果

步骤15 展开Particular（粒子）|Particle（粒子）|Rotation（旋转）选项组，设置Random Rotation（随机旋转）数值为74，Size（大小）数值为14，Size Random（随机大小）数值为54，Opacity Random（不透明度随机）数值为100，其他参数设置如图6.27所示，效果如图6.28所示。

图6.27 设置Rotation（旋转）选项组参数

图6.28 设置后效果

步骤16 选中"Emitter 1"层，单击该层左侧的显示与隐藏 按钮，将其隐藏，此时画面效果如图6.29所示。

步骤17 选中"粒子烟"层，在【效果和预设】面板中展开【颜色校正】特效组，然后双击【色调】特效，如图6.30所示。

图6.29 隐藏后画面效果

图6.30 添加【色调】特效

步骤18 在【效果控件】面板中，设置【将白色映射到】颜色为浅蓝色（R:213；G:241；B:243），如图6.31所示。

图6.31 设置【将白色映射到】颜色

步骤19 选中"粒子烟"层，在【效果和预设】面板中展开【颜色校正】特效组，双击【曲线】特效，如图6.32所示，默认曲线形状如图6.33所示。

图6.32 添加【曲线】特效

图6.33　默认曲线形状

步骤20 在【效果控件】面板中，设置曲线形状，如图6.34所示，效果如图6.35所示。

图6.34　调整曲线形状

图6.35　曲线效果

步骤21 选中"Emitter 1"层，按Ctrl+D组合键复制出"Emitter 2"层，如图6.36所示。

图6.36　复制层

步骤22 选中"Emitter 2"层，单击该层左侧的显示与隐藏◉按钮，将其显示，如图6.37所示。

图6.37　显示图层

步骤23 将"总合成"窗口切换到【顶部】，如图6.38所示。

图6.38　【顶部】效果

步骤24 将时间调整到00:00:00:00帧的位置，手动调整"Emitter 2"位置；将时间调整到00:00:02:24帧的位置，手动调整"Emitter 2"位置，形状如图6.39所示。

图6.39　形状调整

步骤25 选中"Emitter 2"层，按Ctrl+D组合键复制出"Emitter 3"层，如图6.40所示。

图6.40 复制层

步骤26 选中"Emitter 3"层，默认顶部形状如图6.41所示。

图6.41 顶视图形状

步骤27 将时间调整到00:00:00:00帧的位置，手动调整"Emitter 3"位置；将时间调整到00:00:02:24帧的位置，手动调整"Emitter 3"位置，形状如图6.42所示。

图6.42 形状调整

步骤28 选中"Emitter 2、Emitter 3"层，单击层左侧的显示与隐藏 ◉ 按钮，将其隐藏，如图6.43所示。

图6.43 隐藏层

步骤29 这样就制作完成了"飞形烟雾"合成，按小键盘上的0键预览其中几帧动画效果，如图6.44所示。

图6.44 其中几帧动画效果

6.2　高楼坍塌

• 特效解析

本例主要讲解【破碎】特效及Particle（粒子）特效的应用。完成的动画流程画面如图6.45所示。

图6.45　动画流程画面

• 学习目标

通过本例的制作，学习【破碎】特效的参数设置及使用方法，掌握高楼坍塌动画的制作。

• 操作步骤

6.2.1　制作烟雾合成

步骤01 执行菜单栏中的【合成】|【新建合成】命令，打开【合成设置】对话框，设置【合成名称】为烟雾，【宽度】数值为300px，【高度】数值为300px，【帧速率】为25帧/秒，并设置【持续时间】为00:00:05:00秒，如图6.46所示。

步骤02 执行菜单栏中的【图层】|【新建】|【纯色】命令，打开【纯色设置】对话框，设置【名称】为白背景，【宽度】数值为300像素，【高度】数值为300像素，【颜色】为白色，如图6.47所示。

图6.46　【合成设置】对话框

图6.47 【纯色设置】对话框

步骤03 执行菜单栏中的【文件】|【导入】|【文件】命令，打开【导入文件】对话框，选择云盘下载中的"工程文件\第6章\高楼坍塌\Smoke.jpg、背景.png、高楼.png"素材单击【导入】按钮，"Smoke.jpg、背景.png、高楼.png"素材将导入到【项目】面板中。

步骤04 在【项目】面板中选择"Smoke.jpg"素材，将其拖动到"烟雾"合成时间线面板中，如图6.48所示。

图6.48 添加素材

步骤05 选中"白背景"层，设置其【轨道遮罩】为【亮度反转遮罩"Smoke.jpg"】，如图6.49所示，效果如图6.50所示。

图6.49 设置轨道遮罩

图6.50 设置后效果

6.2.2 制作总合成

步骤01 执行菜单栏中的【合成】|【新建合成】命令，打开【合成设置】对话框，设置【合成名称】为总合成，【宽度】数值为1024px，【高度】数值为576px，【帧速率】为25帧/秒，并设置【持续时间】为00:00:05:00秒。

步骤02 在【项目】面板中选择"背景.png、高楼.png"素材，将其拖动到"总合成"时间线面板中，如图6.51所示。

图6.51 添加素材

步骤03 选中"高楼"层，在【效果和预设】面板中展开【模拟】特效组，双击【碎片】特效，如图6.52所示，效果如图6.53所示。

图6.52 添加【碎片】特效

图6.53 碎片效果

步骤04 因为当前图像的显示视图为线框，所以从图像中看到的是线框效果。在【效果控件】面板中选择【碎片】特效，从【视图】右侧的下拉列表中选择【已渲染】；展开【形状】选项组，从【图案】右侧的下拉列表中选择【玻璃】，设置【复制】数值为50，如图6.54所示，效果如图6.55所示。

图6.54 设置【形状】选项组参数

图6.55 设置后效果

步骤05 展开【作用力1】选项组，设置【半径】数值为0.2，【强度】数值为3，将时间调整到00:00:00:00帧的位置，设置【位置】数值为（777，49），单击码表 按钮，在当前位置添加关键帧；将时间调整到00:00:00:23帧的位置，设置【位置】数值为（777，435），系统会自动创建关键帧，如图6.56所示。

图6.56 参数设置

步骤06 展开【物理学】选项组，设置【重力】数值为5，如图6.57所示。

图6.57 设置【重力】参数

步骤07 在【项目】面板中选择"烟雾"合成，将其拖动到"总合成"时间线面板中，如图6.58所示。

图6.58 添加合成

步骤08 选中"烟雾"合成，单击其左侧的显示与隐藏 按钮，将其隐藏，如图6.59所示。

图6.59 隐藏"烟雾"合成

步骤09 执行菜单栏中的【图层】|【新建】|【纯色】命令，打开【纯色设置】对话框，设置【名称】为粒子替代，【宽度】数值为1024像素，【高度】数值为576像素，【颜色】为黑色，如图6.60所示。

步骤10 选中"粒子替代"层，在【效果和预设】面板中展开Trapcode特效组，双击Particular（粒子）特效，如图6.61所示。

图6.60 【纯色设置】对话框

图6.61 添加Particular（粒子）特效

步骤11 在【效果控件】面板中展开Emitter（发射器）选项组，设置Particles/sec（粒子数量）为30，在Emitter Type（发射类型）右侧的下拉列表中选择Box（盒子），设置Position XY（XY轴位置）数值为（692，518），Emitter Size X（发射器X轴大小）数值为396，如图6.62所示，效果如图6.63所示。

图6.62 设置Emitter（发射器）选项组参数

图6.63 设置后效果

步骤12 展开Particle（粒子）选项组，设置Life（生命）数值为3，在Particle Type（粒子类型）右侧的下拉列表中选择Sprite（幽灵）；展开Texture（纹理）选项组，在Layer（图层）右侧的下拉列表中选择【2.烟雾】，Size（大小）数值为120，Size Random（大小随机）数值为90，【不透明度】数值为36，Opacity Random（不透明度随机）数值为0，其他参数设置如图6.64所示，效果如图6.65所示。

图6.64 设置Particle（粒子）选项组参数

图6.65　设置后效果

图6.66　添加【色调】特效

步骤13 设置烟土的颜色，选中"粒子替代"层，在【效果和预设】面板中展开【色彩校正】特效组，双击【色调】特效，如图6.66所示。

步骤14 在【效果控件】面板中，设置【将白色映射到】颜色为灰色（R:196；G:196；B:194），如图6.67所示。

图6.67　设置【将白色映射到】颜色

步骤15 这样"高楼坍塌"动画就制作完成了，按小键盘上的0键预览其中几帧动画效果，如图6.68所示。

图6.68　其中几帧动画效果

6.3　地面爆炸

● 特效解析

　　本例主要讲解Particle（粒子）特效、【梯度渐变】特效的应用及【时间反向图层】命令的使用。完成的动画流程画面如图6.69所示。

图6.69 动画流程画面

● 学习目标

　　通过本例的制作，学习Particle（粒子）特效、【梯度渐变】特效的参数设置及使用方法，掌握烟雾的制作。

● 操作步骤

6.3.1　制作爆炸合成

步骤01 执行菜单栏中的【合成】|【新建合成】命令，打开【合成设置】对话框，设置【合成名称】为爆炸，【宽度】数值为1024px，【高度】数值为576px，【帧速率】为25帧/秒，并设置【持续时间】为00:00:05:00秒，如图6.70所示。

步骤02 执行菜单栏中的【文件】|【导入】|【文件】命令，打开【导入文件】对话框，选择云盘下载中的"工程文件\第6章\地面爆炸\爆炸素材.mov、背景.jpg、裂缝.jpg"素材，如图6.71所示。单击【导入】按钮，"爆炸素材.mov、背景.jpg、裂缝.jpg"素材将导入到【项目】面板中。

图6.70 【合成设置】对话框

图6.71 【导入文件】对话框

步骤03 在【项目】面板中选择"爆炸素材.mov"素材，将其拖动到"爆炸"合成时间线面板中，如图6.72所示。

图6.72 添加素材

步骤04 选中"爆炸素材.mov"层，按Enter键重新命名为"爆炸素材1.mov"层，打开【伸缩】属性，设置【伸缩】数值为260%，如图6.73所示。

图6.73 设置【伸缩】参数

步骤05 将时间设置到00:00:01:04帧的位置，按[键，设置"爆炸素材1.mov"层的入点位置，按P键展开【位置】属性，设置【位置】数值为（570，498）；将时间调整到00:00:03:05帧的位置，按Alt+]组合键，设置该层出点位置，如图6.74所示。

图6.74 设置【位置】参数

步骤06 选中"爆炸素材1.mov"层，选择工具栏中的【钢笔工具】 ，在"爆炸"合成中绘制一个闭合蒙版，如图6.75所示。

图6.75 绘制闭合蒙版

步骤07 选中"蒙版1"层，按F键展开【蒙版羽化】属性，设置【蒙版羽化】数值为（58，58），效果如图6.76所示。

图6.76 蒙版羽化效果

步骤08 选中"爆炸素材1.mov"层，在【效果和预设】面板中展开【颜色校正】特效组，双击【曲线】特效，如图6.77所示，默认曲线形状如图6.78所示。

图6.77 添加【曲线】特效

图6.78 默认曲线形状

步骤09 在【效果控件】面板中调节曲线形状，如图6.79所示，效果如图6.80所示。

图6.79 调节曲线形状

图6.80 曲线效果

步骤10 选中"爆炸素材1.mov"层，按Ctrl+D组合键复制出"爆炸素材1.mov2"层，并按Enter键重新命名为"爆炸素材2.mov"层，如图6.81所示。

图6.81 复制层设置

步骤11 选中"爆炸素材2.mov"层，将时间调整到00:00:01:15帧的位置，按[键，设置该层入点，如图6.82所示。

图6.82 入点位置设置

步骤12 按P键展开【位置】属性，设置【位置】数值为（660，486），如图6.83所示。

图6.83 设置【位置】参数

步骤13 选中"爆炸素材2.mov"层，设置其图层模式为【较浅的颜色】，如图6.84所示。

图6.84 图层模式设置

步骤14 选中"爆炸素材2.mov"层，按Ctrl+D组合键复制出"爆炸素材2.mov2"层，并按Enter键重新命名为"爆炸素材3.mov"层，如图6.85所示。

图6.85 复制层设置

步骤15 选中"爆炸素材3.mov"层，按P键展开【位置】属性，设置【位置】数值为（570，498），如图6.86所示。

图6.86 设置【位置】参数

步骤16 设置其图层模式为【屏幕】，如图6.87所示。

图6.87 图层模式设置

步骤17 选中"爆炸素材3.mov"层，按Ctrl+Alt+R组合键，使该层素材倒播，打开【伸缩】属性，设置【伸缩】数值为-450%，如图6.88所示。

图6.88 设置【伸缩】参数

步骤18 将时间调整到00:00:03:06帧的位置，按[键，设置入点位置，如图6.89所示。

图6.89 入点位置设置

步骤19 选中"爆炸素材3.mov"层，按Ctrl+D组合键复制出"爆炸素材3.mov2"层，并按Enter键重命名为"爆炸素材4.mov"层，如图6.90所示。

图6.90 复制层设置

步骤20 选中"爆炸素材4.mov"层，按P键展开【位置】属性，设置【位置】数值为（648，498），如图6.91所示。

图6.91 设置【位置】参数

步骤21 设置其图层模式为【较浅的颜色】，如图6.92所示。

图6.92 图层模式设置

步骤22 将时间调整到00:00:03:17帧的位置，按[键，设置入点位置，如图6.93所示。

图6.93 入点位置设置

6.3.2 制作地面爆炸合成

步骤01 执行菜单栏中的【合成】|【新建合成】命令，打开【合成设置】对话框，新建【合成名称】为地面爆炸，【宽度】数值为1024px，【高度】数值为576px，【帧速率】为25帧/秒，并设置【持续时间】为00:00:05:00秒。

步骤02 在【项目】面板中选择"背景.jpg"合成，将其拖动到"地面爆炸"合成时间线面板中，如图6.94所示。

图6.94 添加素材

步骤03 选中"背景"层，在【效果和预设】面板中展开【颜色校正】特效组，双击【曲线】特效，如图6.95所示，默认曲线形状如图6.96所示。

图6.95 添加【曲线】特效

图6.96 默认曲线形状

步骤04 在【效果控件】面板中，调节曲线形状如图6.97所示，此时画面效果如图6.98所示。

图6.97 调节曲线形状

图6.98 曲线效果

步骤05 在【项目】面板中选择"裂缝.jpg"合成，将其拖动到"地面爆炸"合成时间线面板中，如图6.99所示。

图6.99 添加合成

步骤06 选中"裂缝.jpg"层，设置其图层模式为【相乘】，如图6.100所示。

图6.100 图层模式设置

步骤07 按P键展开【位置】属性，设置【位置】数值为（552，531），如图6.101所示。

图6.101 设置【位置】参数

步骤08 选中"裂缝.jpg"层，选择工具栏中的【椭圆工具】，在"地面爆炸"合成窗口中绘制一个椭圆蒙版，如图6.102所示。

图6.102 绘制椭圆蒙版

步骤09 选中"蒙版 1"层，按F键展开【蒙版羽化】属性，设置【蒙版羽化】数值为（45，45）像素，如图6.103所示。

图6.103　蒙版羽化设置

步骤10 将时间调整到00:00:01:13帧的位置，设置【蒙版扩展】数值为−18像素，单击码表 按钮，在当前位置添加关键帧；将时间调整到00:00:01:24帧的位置，设置【蒙版扩展】数值为350像素，系统会自动创建关键帧，如图6.104所示。

图6.104　关键帧设置

步骤11 执行菜单栏中的【图层】|【新建】|【纯色】命令，打开【纯色设置】对话框，设置【名称】为粒子，【宽度】数值为1024像素，【高度】数值为576像素，【颜色】为黑色，如图6.105所示。

图6.105　【纯色设置】对话框

步骤12 选中"粒子"层，在【效果和预设】面板中展开Trapcode特效组，双击Particular（粒子）特效，如图6.106所示。

图6.106　添加Particular（粒子）特效

步骤13 在【效果控件】面板中展开Emitter（发射器）选项组，设置Particles/sec（粒子数量）为200，在Emitter Type（发射类型）右侧的下拉列表中选择Sphere（球体），Velocity（速度）数值为20，Velocity Random（速度随机）数值为30，Velocity Distribution（速率分布）数值为5，Emitter Size X（发射器X轴大小）数值为10，Emitter Size Y（发射器Y轴大小）数值为10，Emitter Size Z（发射器Z轴大小）数值为10，如图6.107所示，效果如图6.108所示。

图6.107　设置Emitter（发射器）选项组参数

图6.108　设置后效果

步骤14 选中"粒子"层，将时间调整到00:00:00:00帧的位置，设置Position XY（XY轴位置）数值为（232，−52），单击码表 按钮，在当前位置添加关键帧；将时间调整到00:00:01:05帧的位置，设置Position XY（XY轴位置）数值为（554，422），系统会自动创建关键帧，如图6.109所示。

图6.109 关键帧设置

步骤15 展开Particle（粒子）选项组，设置Life（生命）数值为3，在Particle Type（粒子类型）右侧的下拉列表中选择Cloudlet（云），设置Size（大小）数值为18，手动调整Size over Life（生命期内大小变化）形状，Opacity（不透明度）数值为5，Opacity Random（不透明度随机）数值为100，Color（颜色）为灰色（R:207；G:207；B:207），如图6.110所示，效果如图6.111所示。

图6.110 设置Particle（粒子）选项组参数

图6.111 设置后效果

步骤16 选中"粒子"层，在【效果和预设】面板中展开【生成】特效组，双击【梯度渐变】特效，如图6.112所示，效果如图6.113所示。

图6.112 添加【梯度渐变】特效

图6.113 梯度渐变效果

步骤17 在【效果控件】面板中，设置【渐变起点】数值为（284，18），【起始颜色】为灰色（R:138；G:138；B:138），【结束颜色】为橘黄色（R:255；G:112；B:25），如图6.114所示，效果如图6.115所示。

图6.114 参数设置

图6.115 设置后效果

步骤18 选中"粒子"层，将时间调整到

00:00:00:24帧的位置，设置【渐变终点】数值为（562，432），单击码表 ⓞ 按钮，在当前位置添加关键帧；将时间调整到00:00:01:09帧的位置，设置【渐变终点】数值为（920，578）；将时间调整到00:00:02:16帧的位置，设置【渐变终点】数值为（5014，832），如图6.116所示。

图6.116 关键帧设置

步骤19 选中"粒子"层，在【效果和预设】面板中展开【颜色校正】特效组，双击【曲线】特效，如图6.117所示，默认曲线形状如图6.118所示。

图6.117 添加【曲线】特效

图6.118 默认曲线形状

步骤20 在【效果控件】面板中，调节曲线形状如图6.119所示，此时画面效果如图6.120所示。

图6.119 调节曲线形状

图6.120 曲线效果

步骤21 将时间调整到00:00:02:20帧的位置，选中"粒子"层，按T键展开【不透明度】属性，设置【不透明度】数值为100%，单击码表 ⓞ 按钮，在当前位置添加关键帧；将时间调整到00:00:03:11帧的位置，设置【不透明度】数值为0%，系统会自动创建关键帧，如图6.121所示。

图6.121 关键帧设置

步骤22 在【项目】面板中选择"爆炸"合成，将其拖动到"地面爆炸"合成时间线面板中，如图6.122所示。

图6.122 添加"爆炸"合成

步骤23 选中"爆炸"合成，设置该层图层模式为【屏幕】，如图6.123所示。

图6.123 图层模式设置

步骤24 选中"爆炸"合成，在【效果和预设】面板中展开【颜色校正】特效组，双击【色阶】特效，如图6.124所示。

步骤25 在【效果控件】面板中，设置【输入黑色】数值为99，如图6.125所示。

图6.124 添加【色阶】特效

图6.125 设置【输入黑色】参数

步骤26 执行菜单栏中的【图层】|【新建】|【纯

色】命令，打开【纯色设置】对话框，设置【名称】为蒙版，【宽度】数值为1024像素，【高度】数值为576像素，【颜色】为黑色，如图6.126所示。

步骤27 选中"蒙版"层，选择工具栏中的【椭圆工具】 ，在"地面爆炸"合成窗口中绘制一个椭圆蒙版，如图6.127所示。

图6.126 【纯色设置】对话框

图6.127 绘制椭圆蒙版

步骤28 按P键展开【位置】属性，设置【位置】数值为（610，464），如图6.128所示。

图6.128 设置【位置】参数

步骤29 选中"蒙版"层，按F键展开【蒙版羽化】属性，设置【蒙版羽化】数值为（128，128）像素，如图6.129所示。

图6.129 设置【蒙版羽化】参数

步骤30 将时间调整到00:00:01:11帧的位置，按T键展开【不透明度】属性，设置【不透明度】数值为0%，单击码表 ⏱ 按钮，在当前位置添加关键帧；将时间调整到00:00:01:20帧的位置，设置【不透明度】数值为85%，系统会自动创建关键帧；将时间调整到00:00:02:17帧的位置，设置【不透明度】数值为85%；将时间调整到00:00:03:06帧的位置，设置【不透明度】数值为28%，如图6.130所示。

图6.130 关键帧设置

步骤31 执行菜单栏中的【图层】|【新建】|【纯色】命令，打开【纯色设置】对话框，设置【名称】为烟雾，【宽度】数值为1024像素，【高度】数值为576像素，【颜色】为黑色，如图6.131所示。

步骤32 选中"烟雾"层，在【效果和预设】面板中展开Trapcode特效组，双击Particular（粒子）特效，如图6.132所示。

图6.131 【纯色设置】对话框

图6.132 添加Particular（粒子）特效

步骤33 在【效果控件】面板中展开Emitter（发射器）选项组，在Emitter Type（发射类型）右侧的下拉列表中选择Box（盒子），设置Position XY（XY轴位置）数值为（582，590），Velocity（速度）数值为240，如图6.133所示，效果如图6.134所示。

图6.133 设置Emitter（发射器）选项组参数

图6.134 设置后效果

步骤34 展开Particle（粒子）选项组，设置Life（生命）数值为2，在Particle Type（粒子类型）右侧的下拉列表中选择Cloudlet（云），设置Size（大小）数值为80，Opacity（不透明度）数值为4，Color（颜色）为灰色（R:57；G:57；B:57），如图6.135所示，效果如图6.136所示。

图6.135 设置Particle（粒子）选项组参数

图6.136 设置后效果

步骤35 选中"烟雾"层，将时间调整到00:00:02:06帧的位置，按[键设置该层入点；将时间调整到00:00:02:13帧的位置，设置【不透明度】数值为0%，单击码表 按钮，在当前位置添加关键帧；将时间调整到00:00:03:06帧的位置，设置【不透明度】数值为100%，系统会自动创建关键帧，如图6.137所示。

图6.137 关键帧设置

步骤36 这样就完成了"地面爆炸"动画的制作，按小键盘上的0键预览其中几帧动画效果，如图6.138所示。

图6.138 其中几帧动画效果

第7章 Chapter

动漫影视特效文字表现

内容摘要

电影特效在现在电影中已经随时可见，而本章主要讲解电影特效中一些常见特效的制作方法。通过本章的学习，掌握电影中常见特效的制作方法与技巧。

教学目标

☐ 掌握（字符位移）属性制作落字效果

☐ 掌握聚散文字动画的制作

☐ 掌握路径文字及飞舞文字的动画制作技巧

7.1 文字爆破效果

● 特效解析

本例主要讲解利用CC Pixel Polly（CC像素多边形）特效制作文字爆破效果。完成的动画流程画面如图7.1所示。

图7.1 动画流程画面

● 学习目标

学习CC Pixel Polly（CC像素多边形）特效的使用，掌握文字爆破效果的制作。

● 操作步骤

步骤01 执行菜单栏中的【文件】|【打开项目】命令，选择云盘下载中的"工程文件\第7章\文字爆破效果\文字爆破效果练习.aep"文件，将"文字爆破效果练习.aep"文件打开。

步骤02 执行菜单栏中的【图层】|【新建】|【文本】命令，新建文字层，输入"PREDATOR"，在【字符】面板中，设置【字体】为Arial Bold，【字号】为86px，字体颜色为白色。

步骤03 为"PREDATOR"层添加【梯度渐变】特效。在【效果和预设】面板中展开【生成】特效组，然后双击【梯度渐变】特效。

步骤04 在【效果控件】面板中修改【梯度渐变】特效的参数，设置【渐变起点】的值为（460，137），【起始颜色】为白色，【渐变终点】的值为（460，160），【结束颜色】为深蓝色（R：23，G：47，B：92），如图7.2所示，合成窗口效果如图7.3所示。

图7.2 设置【梯度渐变】参数

图7.3 梯度渐变效果

步骤05 为"PREDATOR"层添加CC Pixel Polly（CC像素多边形）特效。在【效果和预设】面板中展开【模拟】特效组，然后双击CC Pixel Polly（CC像素多边形）特效。

步骤06 在（效果控件）面板中，修改CC Pixel Polly（CC像素多边形）特效的参数，设置Force（力度）的值为450，Force Center（力度中心）的值为（450，156），Grid Spacing（网格间距）的值为1，如图7.4所示，合成窗口效果如图7.5所示。

图7.4 设置【CC像素多边形】参数

图7.5 CC像素多边形效果

步骤07 这样就完成了"文字爆破"效果的整体制作，按小键盘上的0键即可在合成窗口中预览动画。

7.2　飘渺出字

• 特效解析

本例主要讲解利用（湍流置换）特效制作飘渺出字效果。完成的动画流程画面如图7.6所示。

图7.6　动画流程画面

• 学习目标

学习湍流置换、分形杂色、线性擦除和复合模糊特效的使用，掌握飘渺出字动画的制作技巧。

• 操作步骤

步骤01 执行菜单栏中的【文件】|【打开项目】命令，选择云盘下载中的"工程文件\第7章\飘渺出字\飘渺出字练习.aep"文件，将"飘渺出字练习.aep"文件打开。

步骤02 执行菜单栏中的【合成】|【新建合成】命令，打开【合成设置】对话框，设置【合成名称】为噪波，【宽度】为720，【高度】为576px，【帧速率】为25帧/秒，并设置（持续时间）为00:00:05:00秒。

步骤03 执行菜单栏中的【图层】|【新建】|【纯色】命令，打开【纯色设置】对话框，设置【名称】为"载体"，【颜色】为黑色。

步骤04 为"载体"层添加【分形杂色】特效。在【效果和预设】面板中展开（杂色和颗粒）特效组，然后双击【分形杂色】特效。

步骤05 在【效果控件】面板中修改【分形杂色】特效的参数，设置【对比度】的值为200，从【溢出】下拉列表中选择【剪切】选项；展开【变换】选项组，撤选【统一缩放】复选框，设置【缩放宽度】的值为200，【缩放高度】的值为150；将时间调整到00:00:00:00帧的位置，设置【偏移】的值为（360，288），单击【偏移】左侧的码表 按钮，在当前位置设置关键帧，如图7.7所示。

图7.7　设置0秒关键帧

步骤06 将时间调整到00:00:04:24帧的位置，设置【偏移】的值为（0，288），系统会自动设置关键帧，如图7.8所示。

步骤07 设置【复杂性】的值为5，展开【子设置】选项组，设置【子影响】的值为50，【子旋转】的值为70；将时间调整到00:00:00:00帧的位置，设置【演化】的值为0，单击【演化】左侧的码表 按钮，在当前位置设置关键帧。

图7.8 设置4秒24帧关键帧

步骤08 将时间调整到00:00:04:24帧的位置，设置【演化】的值为2x，系统会自动设置关键帧，如图7.9所示，合成窗口效果如图7.10所示。

图7.9 设置进化关键帧

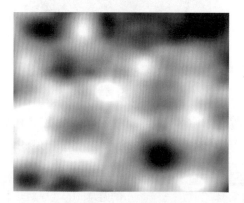

图7.10 分形杂色效果

步骤09 为"载体"层添加【线性擦除】特效。在【效果和预设】面板中展开（过渡）特效组，然后双击【线性擦除】特效。

步骤10 在【效果控件】面板中修改【线性擦除】

特效的参数，设置【擦除角度】的值为-90，【羽化】的值为850；将时间调整到00:00:00:00帧的位置，设置【过渡完成】的值为0%，单击【完成过渡】左侧的码表 按钮，在当前位置设置关键帧。

步骤11 将时间调整到00:00:02:01帧的位置，设置【过渡完成】的值为100%，系统自动设置关键帧。

步骤12 将时间调整到00:00:04:24帧的位置，设置【过渡完成】的值为0%，如图7.11所示，合成窗口效果如图7.12所示。

图7.11 设置【线性擦除】参数

图7.12 线性擦除效果

步骤13 打开"飘渺出字"合成，在【项目】面板中选择"噪波"合成，将其拖动到"飘渺出字"合成的时间线面板中。

步骤14 执行菜单栏中的【图层】|【新建】|【文本】命令，输入"EXTINCTION"，在【字符】面板中设置文字【字体】为LilyUPC，【字号】为121px，字体【颜色】为土黄色（R：195；G：150；B：41），如图7.13所示，合成窗口效果如图7.14所示。

步骤15 为"EXTINCTION"层添加【复合模糊】特效。在【效果和预设】面板中展开【模糊与锐化】特效组，然后双击【复合模糊】特效。

图7.13　设置字体参数

图7.14　设置字体后效果

步骤16 在【效果控件】面板中修改【复合模糊】特效的参数，从【模糊图层】下拉列表中选择"噪波"选项，设置【最大模糊】的值为100，撤选【伸缩对应图以适合】复选框，如图7.15所示，合成窗口效果如图7.16所示。

图7.15　设置【复合模糊】参数

图7.16　复合模糊效果

步骤17 为"EXTINCTION"层添加【湍流置换】特效。在【效果和预设】面板中展开【扭曲】特效组，然后双击【湍流置换】特效。

步骤18 在【效果控件】面板中修改【湍流置换】特效的参数，设置【复杂度】的值为5，如图7.17所示。将时间调整到00:00:00:00帧的位置，设置【数量】的值为188，Size【大小】的值为125，【偏移】的值为（360，288），单击【数量】、【大小】和【偏移】左侧的码表 按钮，在当前位置设置关键帧。

步骤19 将时间调整到00:00:01:22帧的位置，设置【数量】的值为0，Size【大小】的值为194，【偏移】的值为（1014，288），系统会自动设置关键帧，合成窗口效果如图7.18所示。

图7.17　设置【湍流置换】参数

图7.18　湍流置换效果

步骤20 执行菜单栏中的【图层】|【新建】|【调整图层】命令，创建一个调节层，将该层更改为"调节层"。

步骤21 为"调节层"层添加【发光】特效。在【效果和预设】面板中展开【风格化】特效组，然后双击【发光】特效。

步骤22 在【效果控件】面板中修改【发光】特效的参数，设置【发光阈值】的值为0%，【发光半径】的值为30，【发光强度】的值为0.9，从【发光颜色】下拉列表中选择【A 和 B 颜色】选项，从【色彩循环】下拉列表中选择【三角形B>A>B】选项，【颜色A】为黄色（R：255，G：227，B：74，），【颜色B】为橘色（R：253，G：101，B：10，），如图7.19所示，合成窗口效果如图7.20所示。

图7.20 发光效果

图7.19 设置【发光】参数

步骤23 这样就完成了"飘渺出字"动画的整体制作，按小键盘上的0键即可在合成窗口中预览动画。

7.3 聚散文字

• 特效解析

本例主要讲解利用（文字动画）属性制作聚散文字效果。完成的动画流程画面如图7.21所示。

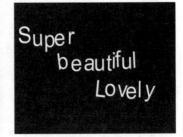

图7.21 动画流程画面

• 学习目标

学习文字动画的制作，掌握聚散文字动画的制作技巧。

• 操作步骤

步骤01 执行菜单栏中的【合成】|【新建合成】命令，打开【合成设置】对话框，设置【合成名称】为"飞出"，【宽度】为720px，【高度】为576px，【帧速率】为25帧/秒，并设置【持续时间】为00:00:03:00秒。

步骤02 执行菜单栏中的【图层】|【新建】|【文本】命令，输入"beautiful"，在【字符】面板中设置文字【字体】为Arial，【字号】为100像素，字体【颜色】为白色。

步骤03 打开文字层的三维开关，在工具栏中选择【钢笔工具】，绘制一个四边形路径，在【路径】下拉列表中选择【蒙版1】，设置【反转路径】为【开】，【垂直于路径】为【关】，【强制对齐】为【开】，【首字边距】为200，分别调整单个字母的大小，使其参差不齐，如图7.22所示，合成窗口效果如图7.23所示。

图7.22 "beautiful"文字参数设置

图7.23 "beautiful"文字路径效果

步骤04 选择文字层，按Ctrl+D组合键复制出另一个文字层，将文字修改为"Super"，设置【缩放】的值为（50，50，50），【首字边距】的值为300，分别调整单个字母的大小，使其参差不齐。将"Super"文字层暂时关闭并查看效果，如图7.24所示，合成窗口效果如图7.25所示。

图7.24 "Super"文字参数设置

图7.25 "Super"文字路径效果

步骤05 以相同的方式建立文字层。选择"Super"文字层，按Ctrl+D组合键复制出另一个文字层，将文字修改为"Lovely"，设置【缩放】的值为（25，25，25），【首字边距】的值为90，分别调整单个字母的大小，使其参差不齐，将其他文字层暂时关闭查看效果，如图7.26所示，合成窗口效果如图7.27所示。

图7.26 "Lovely"文字参数设置

图7.27 "Lovely"文字路径效果

步骤06 选中"beautiful"文字层，将时间调整到00:00:00:00帧的位置，按P键展开"beautiful"文字层【位置】属性，设置【位置】的值为（152，302，0），单击【位置】左侧的码表按钮，在当前位置设置关键帧；将时间调整到00:00:01:00帧的位置，设置"beautiful"文字层【位置】的值为（148，302，−940），系统会自动创建关键帧，如图7.28所示。

图7.28 "beautiful"文字层关键帧设置

步骤07 选中"Super"文字层，将时间调整到00:00:00:00帧的位置，按P键展开"Super"文字层【位置】属性，设置【位置】的值为（152，302，0），单击【位置】左侧的码表 按钮，在当前位置设置关键帧；将时间调整到00:00:01:15帧的位置，设置"Super"文字层【位置】的值为（152，302，-1100），系统会自动创建关键帧，如图7.29所示。

图7.29 "Super"文字层关键帧的设置

步骤08 选中"Lovely"文字层，将时间调整到00:00:00:00帧的位置，按P键展开"Lovely"文字层【位置】属性，设置【位置】的值为（152，302，0），单击【位置】左侧的码表 按钮，在当前位置设置关键帧；将时间调整到00:00:02:00帧的位置，设置"Lovely"文字层【位置】的值为（152，302，-820），系统会自动创建关键帧，如图7.30所示。

图7.30 "Lovely"文字层关键帧设置

步骤09 这样就完成了"飞出"动画的制作，按小键盘上的0键，在合成窗口中预览动画，效果如图7.31所示。

步骤10 执行菜单栏中的【合成】|【新建合成】命令，打开【合成设置】对话框，设置【合成名称】为"飞入"，【宽度】为720px，【高度】为576px，【帧速率】为25帧/秒，并设置【持续时间】为00:00:03:00秒。

步骤11 执行菜单栏中的【图层】|【新建】|【文本】命令，输入"beautiful"，在【字符】面板中设置文字【字体】为Arial，【字号】为100像素，字体【颜色】为白色。

图7.31 "飞出"动画

步骤12 为"beautiful"文字层添加字母汤特效。将时间调整到00:00:00:00帧的位置，在【效果和预设】面板中展开【动画预设】|Text（文本）|Multi-Line（多行）特效组，然后双击（字母汤）特效。

步骤13 单击"beautiful"文字层左侧的灰色三角形 按钮，展开【文本】选项组，删除【动画-随机缩放】选项。

步骤14 单击"beautiful"文字层左侧的灰色三角形 按钮，展开【文本】|【动画-位置/旋转/不透明度】选项组，设置【位置】的值为（1000，-1000），【旋转】的值为2X，【摆动选择器-（按字符）】选项组下的【摇摆/秒】的值为0，如图7.32所示，合成窗口效果如图7.33所示。

图7.32 "beautiful"文字参数设置

图7.33 "beautiful"文字聚散效果

步骤15 选择"beautiful"文字层，按Ctrl+D组合键复制出另一个文字层，将文字修改为"Super"，按P键展开【位置】属性，设置【位置】的值为（24，189）；选中"beautiful"文字层，按P键展开【位置】属性，设置【位置】的值（205，293），如图7.34所示，合成窗口效果如图7.35所示。

图7.34 文字参数设置

图7.35 文字位置设置后的效果

步骤16 选择"Super"文字层，按Ctrl+D组合键复制出另一个文字层，将文字修改为"Lovely"，按P键展开【位置】属性，设置【位置】的值为（350，423），如图7.36所示，合成窗口效果如图7.37所示。

图7.36 "Lovely"文字位置设置

图7.37 "Lovely"位置设置后的效果

步骤17 这样就完成了"飞入"动画的制作，按小键盘上的0键即可在合成窗口中预览动画，效果如图7.38所示。

图7.38 "飞入"效果

步骤18 执行菜单栏中的【合成】|【新建合成】命令，打开【合成设置】对话框，设置【合成名称】为"聚散的文字"，【宽度】为720px，【高度】为576px，【帧速率】为25帧/秒，并设置【持续时间】为00:00:03:00秒。

步骤19 在【项目】面板中选择"飞出"和"飞入"合成，将其拖动到"聚散文字"合成的时间线面板中。

步骤20 选中"飞入"层，将时间调整到00:00:01:00帧的位置，按【键，设置"飞入"层入点为00:00:01:00帧的位置，如图7.39所示。

图7.39 设置"飞入"层入点

步骤21 选中"飞入"层，将时间调整到00:00:01:00帧的位置，按T键展开【不透明度】属性，设置【不透明度】的值为0%，单击左侧的码表按钮，在当前位置设置关键帧；将时间调整到00:00:02:00帧的位置，设置【不透明度】的值为100%，系统会自动设置关键帧，如图7.40所示。

图7.40 设置关键帧

步骤22 这样就完成了"聚散文字"动画的整体制作，按小键盘上的0键，即可在合成窗口中预览动画。

7.4　颗粒文字

● 特效解析

本例主要讲解利用CC Ball Action（CC 滚珠操作）特效制作颗粒文字效果。完成的动画流程画面如图7.41所示。

图7.41 动画流程画面

● 学习目标

学习CC Ball Action（CC 滚珠操作）、四色渐变、发光和Starglow（星光）特效的使用，掌握颗粒文字动画的制作技巧。

● 操作步骤

步骤01 执行菜单栏中的【合成】|【新建合成】命令，打开【合成设置】对话框，设置【合成名称】为"颗粒文字"，【宽度】为720px，【高度】为576px，（帧速率）为25帧/秒，并设置（持续时间）为00:00:05:00秒。

步骤02 执行菜单栏中的（图层）|（新建）|（文本）命令，输入"Color"，在（字符）面板中设置文字【字体】为汉仪圆叠体繁，【字号】为191px，【颜色】为白色，如图7.42所示，合成窗口效果如图7.43所示。

图7.42 设置字体参数

图7.43 设置字体后效果

步骤03 为"Color"层添加【四色渐变】特效。在【效果和预设】面板中展开【生成】特效组，然后双击【四色渐变】特效。

步骤04 在【效果控件】面板中修改【四色渐变】特效的参数，设置【点1】的值为（118，218）；【颜色1】为黄色（R：255，G：255，B：0），【点2】的值为（132，276）；【颜色2】为绿色（R：0，G：255，B：0），【点3】的值为（596，270），【颜色3】为红色（R：250，G：0，B：0）；【点4】的值为（592，368），【颜色4】为黄绿色（R：156，G：255，B：0），如

图7.44所示；合成窗口效果如图7.45所示。

图7.44 设置【四色渐变】参数

图7.46 设置滚珠0秒关键帧

图7.47 设置关键帧后效果

图7.45 四色渐变效果

步骤05 为"Color"层添加【发光】特效。在【效果和预设】面板中展开【风格化】特效组，然后双击【发光】特效。

步骤06 在【效果控件】面板中，修改【发光】特效的参数，从【发光颜色】下拉列表中选择【A 和 B 颜色】选项。

步骤07 为"Color"层添加CC Ball Action（CC 滚珠操作）特效。在【效果和预设】面板中展开【模拟】特效组，然后双击CC Ball Action（CC 滚珠操作）特效。

步骤08 在【效果控件】面板中修改CC Ball Action（CC 滚珠操作）特效的参数，设置Grid Spacing（网格间隔）的值为4，Ball Size（滚球大小）的值为45；将时间调整到00:00:00:00帧的位置，设置Scatter（散射）的值为187，Twist Angle（扭曲角度）的值为1x+295，单击Scatter（散射）和Twist Angle（扭曲角度）左侧的码表按钮，在当前位置设置关键帧，如图7.46所示，合成窗口效果如图7.47所示。

步骤09 将时间调整到00:00:04:07帧的位置，设置Scatter（散射）和Twist Angle（扭曲角度）的值为0，系统会自动设置关键帧，如图7.48所示，合成窗口效果，如图7.49所示。

图7.48 设置4秒07帧关键帧

185

图7.49 CC 滚珠操作效果

步骤10 为"Color"层添加Starglow（星光）特效。在【效果和预设】面板中展开Trapcode特效组，然后双击Starglow（星光）特效。

步骤11 在【效果控件】面板中修改Starglow（星光）特效的参数，设置Boost Light（光线亮度）的值为12；展开Individual Colors（各个方向光线颜色）选项组，从Down（下）下拉列表中选择Colormap B（颜色贴图B）选项，从Left（左）下拉列表中选择Colormap B（颜色贴图B）选项，从UP Right（右上）下拉列表中选择Colormap B（颜色贴图B）选项，从Down Left（左下）下拉列表中选择Colormap B（颜色贴图B）选项，如图7.50所示。

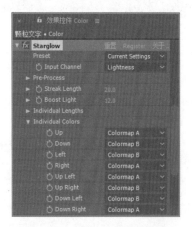

图7.50 设置光线颜色参数

步骤12 展开Colormap A（颜色贴图A）选项组，从Preset（预设）下拉列表中选择3-Color

Gradient（三色渐变）选项，设置Highlights（高光）为白色，Midtones（中间色）为淡绿色（R：166，G：255，B：0），Shadows（阴影色）为绿色（R：0，G：255，B：0），如图7.51所示。

图7.51 设置颜色贴图A参数

步骤13 展开Colormap B（颜色贴图 B）选项组，从Preset（预设）下拉列表中选择3-Color Gradient（三色渐变）选项，设置Highlights（高光）为白色，Midtones（中间色）为橙色（R：255，G：166，B：0），Shadows（阴影色）为红色（R：255，G：0，B：0），如图7.52所示。

图7.52 设置颜色贴图B参数

步骤14 这样就完成了"颗粒文字"动画的整体制作，按小键盘上的0键即可在合成窗口中预览动画。

7.5 跳动的路径文字

特效解析

本例主要讲解利用（路径文本）特效制作跳动的路径文字效果。完成的动画流程画面如图7.53所示。

图7.53 动画流程画面

学习目标

学习路径文字、残影、投影和彩色浮雕特效的使用，掌握路径文字动画的制作技巧。

操作步骤

步骤01 执行菜单栏中的【合成】|【新建合成】命令，打开【合成设置】对话框，设置【合成名称】为"跳动的路径文字"，【宽度】为720px，【高度】为576px，（帧速率）为25帧/秒，并设置（持续时间）为00:00:10:00秒。

步骤02 执行菜单栏中的【图层】|【新建】|【纯色】命令，打开【纯色设置】对话框，设置（名称）为"路径文字"，【颜色】为黑色。

步骤03 选中"路径文字"层，在工具栏中选择【钢笔工具】，在"路径文字"层上绘制一条路径，如图7.54所示。

图7.54 绘制路径

步骤04 为"路径文字"层添加【路径文本】特效。

在【效果和预设】面板中展开【过时】特效组，然后双击【路径文本】特效，在Path Text对话框中输入"Rainbow"。

步骤05 在【效果控件】面板中修改【路径文本】特效的参数，从【自定义路径】下拉列表中选择【蒙版1】选项；展开【填充与描边】选项组，设置【填充颜色】为青色（R：0；G：255；B：246）；将时间调整到00:00:00:00帧的位置，设置【大小】的值为30，【左边距】的值为0，单击【大小】和【左边距】左侧的码表按钮，在当前位置设置关键帧，如图7.55所示，合成窗口效果如图7.56所示。

图7.55 设置大小和左侧空白的关键帧

图7.56 设置大小和左侧空白后效果

步骤06 将时间调整到00:00:02:00帧的位置，设置【大小】的值为80，系统自动设置关键帧，如图7.57所示，合成窗口效果如图7.58所示。

图7.57 设置大小关键帧

图7.58 设置大小后效果

步骤07 将时间调整到00:00:06:15帧的位置，设置【左边距】的值为2090，如图7.59所示，合成窗口效果如图7.60所示。

图7.59 设置左侧空白关键帧

图7.60 设置左侧空白关键帧后效果

步骤08 展开【高级】|【抖动设置】选项组，将时间调整到00:00:00:00帧的位置，设置【基线抖动最大】、【字偶间距抖动】、【旋转抖动最大】及【缩放抖动最大】的值为0，单击【基线抖动最大】、【字偶间距抖动】、【旋转抖动最大】及【缩放抖动最大】左侧的码表 按钮，在当前位置设置关键帧，如图7.61所示。

步骤09 将时间调整到00:00:03:15帧的位置，设置（基线抖动最大）的值为122，（字偶间距抖动）的值为164，（旋转抖动最大）的值为132，（缩放抖动最大）的值为150，如图7.62所示。

图7.61 设置0秒关键帧

图7.62 设置3秒15帧关键帧

步骤10 将时间调整到00:00:06:00帧的位置，设置【基线抖动最大】、【字偶间距抖动】、【旋转抖动最大】及【缩放抖动最大】的值为0，系统自动设置关键帧，如图7.63所示，合成窗口效果如

图7.64所示。

图7.63 设置6秒关键帧

图7.64 设置路径文字特效后效果

步骤11 为"路径文字"层添加【残影】特效。在【效果和预设】面板中展开【时间】特效组，然后双击【残影】特效。

步骤12 在【效果控件】面板中修改【残影】特效的参数，设置【残影数量】的值为12，【衰减】的值为0.7，如图7.65所示，合成窗口效果如图7.66所示。

图7.65 设置【残影】参数

图7.66 残影效果

步骤13 为"路径文字"层添加【投影】特效。在【效果和预设】面板中展开【透视】特效组，然后双击【投影】特效。

步骤14 在【效果控件】面板中修改【投影】特效的参数，设置【柔和度】的值为15，如图7.67所示，合成窗口效果如图7.68所示。

图7.67 设置【投影】参数

图7.68 投影效果

步骤15 为"路径文字"层添加【彩色浮雕】特效。在【效果和预设】面板中展开【风格化】特效组，然后双击【彩色浮雕】特效。

步骤16 在【效果控件】面板中修改【彩色浮雕】特效的参数，设置【起伏】的值为1.5，【对比度】的值为169，如图7.69所示，合成窗口效果如图7.70所示。

图7.69 设置【彩色浮雕】参数

图7.71 设置【梯度渐变】参数

图7.72 梯度渐变效果

图7.70 彩色浮雕效果

步骤17 执行菜单栏中的【图层】|【新建】|【纯色】命令，打开（纯色设置）对话框，设置（名称）为"背景"，【颜色】为白色。

步骤18 为"背景"层添加【梯度渐变】特效。在【效果和预设】面板中展开【生成】特效组，然后双击【梯度渐变】特效。

步骤19 在【效果控件】面板中修改【梯度渐变】特效的参数，设置【起始颜色】为蓝色（R：11；G：170；B：252），【渐变终点】的值为（380，400），【结束颜色】为淡蓝色（R：221；G：253；B：253），如图7.71所示，合成窗口效果如图7.72所示。

步骤20 在时间线面板中将"背景"层拖动到"路径文字"层下面。这样就完成了"跳动的路径文字"动画的整体制作，按小键盘上的0键即可在合成窗口中预览动画。

7.6 果冻字

• 特效解析

本例主要讲解利用Skew（倾斜）属性制作果冻字效果。完成的动画流程画面如图7.73所示。

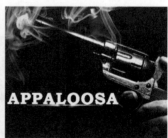

图7.73 动画流程画面

• 学习目标

学习Skew（倾斜）特效的使用，掌握果冻字动画的制作技巧。

• 操作步骤

步骤01 执行菜单栏中的【文件】|【打开项目】命令，选择云盘下载中的"工程文件\第7章\果冻字\果冻字练习.aep"文件，将"果冻字练习.aep"文件打开。

步骤02 执行菜单栏中的【图层】|【新建】|【文本】命令，输入"APPALOOSA"，在【字符】面板中设置文字【字体】为Bookman Old Style，字号为72px，单击（仿粗体） **T** 按钮，字体【颜色】为白色。

步骤03 将时间调整到00:00:00:00帧的位置，展开"APPALOOSA"层，单击【文本】右侧的三角形【动画】 **▶** 按钮，从弹出的菜单中选择【倾斜】命令，设置【倾斜】的值为70，【倾斜轴】的值为150；展开【文本】|【动画制作工具1】|【范围选择器 1】选项组，设置【起始】的值为0%，单击【起始】左侧的码表 **⊙** 按钮，在当前位置设置关键帧，合成窗口效果如图7.74所示。

步骤04 将时间调整到00:00:02:00帧的位置，设置【起始】的值为100%，系统自动设置关键帧，如图7.75所示。

图7.74 0帧关键帧效果

图7.75 设置2秒关键帧参数

步骤05 这样就完成了"果冻字"动画的整体制作，按小键盘上的0键即可在合成窗口中预览动画。

7.7 飞舞的文字

• 特效解析

本例主要讲解利用CC Light Burst 2.5（CC 光线爆裂2.5）特效制作飞舞的文字效果。完成的动画流程画面如图7.76所示。

图7.76 动画流程画面

• 学习目标

学习 CC Light Burst 2.5（CC 光线爆裂2.5）、 CC Mr. Mercury（CC 水银滴落）和浮雕特效的使用，掌握飞舞的文字动画的制作技巧。

● 操作步骤

步骤01 执行菜单栏中的【文件】|【打开项目】命令，选择云盘下载中的"工程文件\第7章\飞舞的文字\飞舞的文字练习.aep"文件，将"飞舞的文字练习.aep"文件打开。

步骤02 执行菜单栏中的【图层】|【新建】|【文本】命令，输入"KING KONG"，在（字符）面板中，设置文字【字体】为Abduction，【字号】为74px，字体【颜色】为白色。

步骤03 在工具栏中选择【矩形工具】▇，在文字层上绘制一个长方形路径，如图7.77所示。在时间线面板中按F键，打开（蒙版羽化）属性，设置（蒙版羽化）的值为（60，60），如图7.78所示。

图7.77 绘制矩形路径

图7.78 设置【蒙版羽化】参数

步骤04 将时间调整到00:00:00:00帧的位置，按M键，打开（蒙版形状）属性，单击（蒙版形状）左侧的码表▇按钮，在当前位置设置关键帧，如图7.79所示。

图7.79 设置蒙版形状关键帧

步骤05 将时间调整到00:00:03:00帧的位置，选中"King Kong"层，调整蒙版路径，系统自动设置关键帧，如图7.80所示，合成窗口效果如图7.81所示。

图7.80 设置3秒关键帧

图7.81 设置蒙版形状后效果

步骤06 选中"King Kong"文字层，按Ctrl+D组合键，复制出另一个新的图层，将该图层文字重命名为"King Kong2"；将时间调整到00:00:00:00帧的位置，按U键，打开所有关键帧并将其删除；在工具栏中选择（矩形工具）▇，在文字层上绘制一个正方形路径；按M键，打开（蒙版形状）属性，单击（蒙版形状）左侧的码表▇按钮，在当前位置设置关键帧，如图7.82所示。

图7.82 设置"King Kong2"层关键帧

步骤07 将时间调整到00：00：03：00帧的位置，在合成窗口中选择矩形路径从左向右拖动，系统自动设置关键帧，如图7.83所示，合成窗口效果如图7.84所示。

图7.83 设置3秒关键帧

图7.84　设置关键帧后效果

步骤08 为"King Kong2"文字层添加CC Light Burst 2.5（CC 光线爆裂2.5）特效。在【效果和预设】面板中展开【生成】特效组，然后双击CC Light Burst 2.5（CC 光线爆裂2.5）特效。

步骤09 在【效果控件】面板中修改CC Light Burst 2.5（CC 光线爆裂2.5）特效的参数，设置Ray Length（光线长度）的值为300；将时间调整到00:00:00:00帧的位置，设置Center（中心）的值为（-56，512），单击Center（中心）左侧的码表按钮，在当前位置设置关键帧，如图7.85所示，合成窗口效果如图7.86所示。

图7.85　设置0秒关键帧参数

图7.86　设置0秒关键帧后的效果

步骤10 将时间调整到00:00:03:00的位置，设

置Center（中心）的值为（666，512），系统自动设置关键帧，如图7.87所示，合成窗口效果如图7.88所示。

图7.87　设置3秒关键帧

图7.88　CC光线爆裂2.5效果

步骤11 选中"King Kong2"层，按T键，打开（不透明度）的属性；将时间调整到00:00:03:00帧的位置，设置（不透明度）的值为100%，单击（不透明度）左侧的码表按钮，在当前位置设置关键帧，如图7.89所示。

步骤12 将时间调整到00:00:03:10帧的位置，设置（不透明度）的值为0%，系统自动设置关键帧，如图7.90所示。

图7.89　设置不透明度关键帧

图7.90　设置3秒10帧关键帧

步骤13 选中"King Kong2"文字层，按Ctrl+D组

合键，复制出另一个新的图层，将该图层文字重命名为"King Kong3"，在【效果控件】面板中选中CC Light Burst 2.5（CC光线爆裂2.5）特效，将其删除。

步骤14 为"King Kong3"文字层添加CC Mr. Mercury（CC 水银滴落）特效。在【效果和预设】面板中展开【模拟】特效组，然后双击CC Mr. Mercury（CC 水银滴落）特效。

步骤15 在【效果控件】面板中修改CC Mr. Mercury（CC 水银滴落）特效的参数，展开Light（照明）选项组，从light Type（灯光类型）下拉列表中选择Point Light（点光）选项；展开Shading（阴影）选项组，设置Specular（反射）和Metal（质感）的值为0，如图7.91所示，合成窗口效果如图7.92所示。

图7.91 设置照明和阴影参数

图7.92 设置照明和阴影参数后效果

步骤16 将时间调整到00:00:00:00帧的位置，设置Producer（产生点）的值为（-54，516）；展开Light（照明）选项组，设置Light Position（灯光位置）的值为（-54，518），同时单击Producer（产生点）和Light Position（灯光位置）左侧的码表

按钮，在当前位置设置关键帧，如图7.93所示。

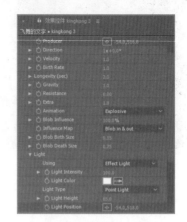

图7.93 设置0秒关键帧

步骤17 将时间调整到00:00:03:00帧的位置，设置Producer（产生点）的值为（664，516），Light Position（灯光位置）的值为（664，518），系统自动设置关键帧，如图7.94所示，合成窗口效果如图7.95所示。

图7.94 设置3秒关键帧

图7.95 水银滴落效果

步骤18 选中"King Kong2"文字层，按Ctrl+D组合键，复制出另一个新的图层，将该图层文字重命名为"King Kong4"，在【效果控件】面板中选中CC Light Burst 2.5（CC光线爆裂2.5）特效，将其删除。

步骤19 选中"King Kong4"文字层，按S键，打开（缩放）属性，设置（缩放）的值为（120，120）；将时间调整到00:00:03:00帧的位置，按T键，打开（不透明度）属性，设置（不透明度）的值为50%，按P键，打开（位置）属性，按住Alt键的同时，单击（位置）左侧的码表 按钮，在时间线中（位置）的Expression输入wiggle（15,50），如图7.96所示，合成窗口效果如图7.97所示。

图7.96 设置3秒关键帧

图7.97 设置关键帧后效果

步骤20 为"King Kong"文字层添加【投影】特效。在【效果和预设】面板中展开（透视）特效组，然后双击（投影）特效。

步骤21 在【效果控件】面板中修改（投影）特效的参数，设置（方向）的值为133，（距离）的值为5，如图7.98所示，合成窗口效果如图7.99所示。

图7.98 设置投影参数

图7.99 投影效果

步骤22 为"King Kong"文字层添加（浮雕）特效。在【效果和预设】面板中展开【风格化】特效组，然后双击【浮雕】特效。

步骤23 在【效果控件】面板中修改【浮雕】特效的参数，设置【方向】的值为204，【起伏】的值为3.5，如图7.100所示，合成窗口效果如图7.101所示。

图7.100 设置【浮雕】参数

图7.101 浮雕效果

步骤24 选中"King Kong""King Kong2""King Kong3"和"King Kong4"层，将时间调整到00:00:00:22帧的位置，按[键，设置"King Kong""Kong Kong2""King Kong3"和"King Kong4"层入点为00:00:00:22帧的位置，如图7.102所示。

图7.102 设置层入点

步骤25 这样就完成了"飞舞的文字"动画的整体制作，按小键盘上的0键即可在合成窗口中预览动画。

7.8 分身文字

• 特效解析

本例主要讲解利用CC Particle World（CC粒子仿真世界）特效制作分身文字效果。完成的动画流程画面如图7.103所示。

图7.103 动画流程画面

• 学习目标

学习CC Particle World（CC粒子仿真世界）特效的使用，掌握分身文字动画的制作技巧。

• 操作步骤

步骤01 执行菜单栏中的【合成】|【新建合成】命令，打开【合成设置】对话框，设置【合成名称】为"分身文字动画"，【宽度】为720px，【高度】为576px，【帧速率】为25帧/秒，并设置（持续时间）为00:00:05:00秒。

步骤02 执行菜单栏中的【图层】|【新建】|【文本】命令，输入"Song VALO"，在【字符】面板中，设置文字【字体】为Impact，【字号】为43px，【颜色】为白色，打开文字层的三维开关。

步骤03 执行菜单栏中的【图层】|【新建】|【纯色】命令，打开【纯色设置】对话框，设置【名称】为"粒子"，【颜色】为黑色。

步骤04 为"粒子"层添加CC Particle World（CC粒子仿真世界）特效。在【效果和预设】面板中展开【模拟】特效组，然后双击CC Particle World（CC粒子仿真世界）特效。

步骤05 在【效果控件】面板中修改CC Particle World（CC粒子仿真世界）特效的参数，设置Longevity（寿命）的值为1.29；将时间调整到00:00:00:00帧的位置，设置Birth Rate（生长速率）的值为3.9，单击Birth Rate（生长速率）左侧的码表 按钮，在当前位置设置关键帧。

步骤06 将时间调整到00:00:04:24帧的位置，设置Birth Rate（生长速率）的值为0，系统自动设置关键帧，如图7.104所示。

步骤07 展开Producer（产生点）选项组，设置Radius X（X轴半径）的值为0.625，Radius Y（Y轴半径）的值为0.485，Radius Z（Z轴半径）的值为7.215；展开Physics（物理学）选项组，设置Gravity（重力）的值为0，如图7.105所示。

图7.104　设置4秒24帧关键帧

图7.105　设置产生点参数

步骤08 展开Particle（粒子）选项组，从Particle Type（粒子类型）下拉列表中选择Textured Quadpolygon（纹理放行）选项；展开Texture（材质）选项组，从Texture Layer（材质层）下拉列表中选择"Song VALO"文字层，设置Birth Size（生长大小）的值为11.36，Death Size（消逝大小）的值为9.76，如图7.106所示，合成窗口效果如图7.107所示。

图7.106　设置粒子参数

图7.107　设置CC粒子仿真世界后效果

步骤09 执行菜单栏中的（图层）|（新建）|（摄像机）命令，新建摄像机，打开（摄像机设置）对话框，设置【名称】为Camera 1，如图7.108所示。调整摄像机参数后，合成窗口效果如图7.109所示。

图7.108　设置摄像机

图7.109　设置摄像机后效果

步骤10 这样就完成了"分身文字"动画的整体制作，按小键盘上的0键即可在合成窗口中预览动画。

7.9 变色字

● 特效解析

本例主要讲解利用填充色相属性特效制作变色字效果。完成的动画流程画面如图7.110所示。

图7.110 动画流程画面

● 学习目标

学习填充色相特效的使用，掌握变色字动画的制作技巧。

● 操作步骤

步骤01 执行菜单栏中的【文件】|【打开项目】命令，选择云盘下载中的"工程文件\第7章\变色字\变色字练习.aep"文件，将"变色字练习.aep"文件打开。

步骤02 执行菜单栏中的【图层】|【新建】|【文本】命令，输入BANGKOK，在【字符】面板中，设置文字【字体】为Leelawadee，【字号】为44px，单击（仿斜体）按钮 *T*，字体【颜色】为黄色（R：252，G：226，B：60）。

步骤03 将时间调整到00:00:00:00帧的位置，展开"BANGKOK"层，单击【文本】右侧的三角形【动画】 ▶ 按钮，从弹出的菜单中选择【填充颜色】|【色相】命令，设置【填充色相】的值为0，单击【填充色相】左侧的码表 ⑨ 按钮，在当前位置设置关键帧。

步骤04 将时间调整到00:00:03:24帧的位置，设置填充色相的值为2x+65，系统自动设置关键帧，如图7.111所示，合成窗口效果如图7.112所示。

图7.111 设置填充色相参数

图7.112 设置填充色相后效果

步骤05 这样就完成了"变色字"动画的整体制作，按小键盘上的0键即可在合成窗口中预览动画。

7.10 发光文字

• 特效解析

本例主要讲解利用Shine（光）特效制作发光文字动画效果。完成的动画流程画面如图7.113所示。

图7.113 动画流程画面

• 学习目标

学习Shine（光）特效的使用，掌握发光文字动画的制作技巧。

• 操作步骤

步骤01 执行菜单栏中的【文件】|【打开项目】命令，选择云盘下载中的"工程文件\第7章\发光文字动画\发光文字动画练习.aep"文件，将"发光文字动画练习.aep"文件打开。

步骤02 执行菜单栏中的【图层】|【新建】|【文本】命令，输入"X-MEN ORIGINS"，在【字符】面板中设置文字【字体】为-G-h-e-i-0-1-m，【字号】为45px，【颜色】为白色。

步骤03 为"X-MEN ORIGINS"层添加Shine（光）特效。在【效果和预设】面板中展开Trapcode特效组，然后双击Shine（光）特效。

步骤04 在【效果控件】面板中修改Shine（光）特效的参数，设置Ray Length（光线长度）的值为12，从Colorize（着色）下拉列表中选择3- Color Gradient（三色渐变），Midtones（中间色）为白色，Shadows（阴影色）为白色；将时间调整到00:00:00:00帧的位置，设置Source Point（源点）的值为（-784，496），单击Source Point（源点）左侧的码表 按钮，在当前位置设置关键帧。

步骤05 将时间调整到00:00:02:24帧的位置，设置Source Point（源点）的值为（1448，494），系统自动设置关键帧，如图7.114所示，合成窗口效

果如图7.115所示。

图7.114 设置光参数

图7.115 设置光后效果

步骤06 选中"X-MEN ORIGINS"层，按Ctrl+D组合键，复制出另一个新的文字层，将该图层重命名为"X-MEN ORIGINS2"，在【效果控件】面板中将Shine（光）特效删除。

步骤07 为"X-MEN ORIGINS2"层添加【梯度渐变】特效。在【效果和预设】面板中展开【生成】特效组，然后双击【梯度渐变】特效。

步骤08 在【效果控件】面板中修改【梯度渐变】特效的参数，设置【渐变起点】的值为（355，500），【起始颜色】为白色，【渐变终点】的值为（91，551），【结束颜色】为黑色，从【渐变形状】下拉列表中选择【径向渐变】选项，如图7.116所示，合成窗口效果如图7.117所示。

步骤09 这样就完成了"发光文字"动画的整体制作，按小键盘上的0键即可在合成窗口中预览动画。

图7.116 设置【梯度渐变】参数

图7.117 梯度渐变效果

7.11 落字效果

• 特效解析

本例主要讲解利用字符位移属性制作落字效果。完成的动画流程画面如图7.118所示。

图7.118 动画流程画面

• 学习目标

学习字符位移参数的设置，掌握落字效果动画的制作技巧。

• 操作步骤

步骤01 执行菜单栏中的【文件】|【打开项目】命令，选择云盘下载中的"工程文件\第7章\落字效果\落字效果练习.aep"文件，将"落字效果练习.aep"文件打开。

步骤02 执行菜单栏中的【图层】|【新建】|【文本】命令，输入"Nothing Like the Holidays"。在【字符】面板中，设置文字【字体】为soulmate，【字号】为60px，如图7.119所示，合成窗口效果如图7.120所示。

图7.119　设置字体参数

图7.120　设置字体后效果

步骤03 展开文字层，单击【文本】右侧的三角形【动画】 ▶ 按钮，从弹出的菜单中选择【字符位移】命令，设置【字符位移】的值为44；单击【动画制作工具 1】右侧的三角形【添加】 ▶ 按钮，从弹出的菜单中选择【属性】|【不透明度】和【属性】|【位置】，设置【位置】的值为（0，－340），【不透明度】的值为1；从【字符范围】下拉列表中选择【完整的 Unicode】，如图7.121所示。

图7.121　设置位置等参数

步骤04 展开【范围选择器 1】|【高级】选项组，从【形状】下拉列表中选择【上倾斜】选项，设置【缓和低】的值为50%，【随机顺序】为【开】；

将时间调整到00:00:00:00帧的位置，设置【偏移】的值为－100，单击【偏移】左侧的码表 ⏱ 按钮，在当前位置设置关键帧。

步骤05 将时间调整到00:00:02:13帧的位置，设置【偏移】的值为100，系统自动设置关键帧，如图7.122所示。

图7.122　设置偏移关键帧

步骤06 为文字层添加（残影）特效。在【效果和预设】面板中展开【时间】特效组，然后双击【残影】特效。

步骤07 在【效果控件】面板中修改【残影】特效的参数，设置【残影时间】的值为0.25，具体参数如图7.123所示，合成窗口效果如图7.124所示。

图7.123　设置残影参数

图7.124　设置残影后效果

步骤08 这样就完成了"落字效果"动画的整体制作，按小键盘上的0键即可在合成窗口中预览动画。

7.12 手写字效果

● 特效解析

本例主要讲解利用3D Stroke（3D笔触）特效制作手写字效果。完成的动画流程画面如图7.125所示。

图7.125 动画流程画面

● 学习目标

学习3D Stroke（3D笔触）特效的使用，掌握手写字效果动画的制作技巧。

● 操作步骤

步骤01 执行菜单栏中的【文件】|【打开项目】命令，选择云盘下载中的"工程文件\第7章\手写字动画\手写字动画练习.aep"文件，将"手写字动画练习.aep"文件打开。

步骤02 执行菜单栏中的【图层】|【新建】|【纯色】命令，打开【纯色设置】对话框，设置（名称）为"Love"，【颜色】为黑色。

步骤03 选中"Love"层，在工具栏中选择Pen Tool（钢笔工具），在图层上绘制一个Love路径，如图7.126所示。

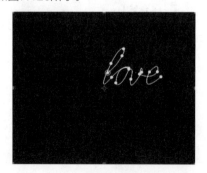

图7.126 绘制路径

步骤04 为"Love"层添加3D Stroke（3D 笔触）特效。在【效果和预设】面板中展开Trapcode特

效组，然后双击3D Stroke（3D 笔触）特效，如图7.127所示。

图14.127 添加【3D 笔触】特效

步骤05 在【效果控件】面板中，修改3D Stroke（3D笔触）特效的参数，设置color（颜色）为红色（R：255；G：0；B：0），Thickness（厚度）的值为5；将时间调整到00:00:00:00帧的位置，设置End（结束）的值为0，单击End（结束）左侧的码表按钮，在当前位置设置关键帧。

步骤06 将时间调整到00:00:03:00帧的位置，设置End（结束）的值为100，系统自动设置关键帧，如图7.128所示，合成窗口效果如图7.129所示。

步骤07 这样就完成了"手写字效果"动画的整体制作，按小键盘上的0键即可在合成窗口中预览动画。

图7.128 设置笔触参数

图7.129 设置笔触后效果

7.13 Hp7文字炸碎

● 特效解析

　　本例主要讲解CC Pixel Polly（CC像素多边形）特效、【发光】特效及【空对象】层命令的使用。完成的动画流程画面如图7.130所示。

图7.130 动画流程画面

● 学习目标

　　学习CC Pixel Polly（CC像素多边形）特效的参数设置及使用方法，掌握文字炸碎动画的制作。

● 操作步骤

7.13.1 制作炸碎合成

步骤01 执行菜单栏中的【合成】|【新建合成】命令，打开【合成设置】对话框，设置【合成名称】为"炸碎"，【宽度】为1024px，【高度】为576px，【帧速率】为25帧/秒，并设置【持续时间】为00:00:02:00秒，如图7.131所示。

步骤02 执行菜单栏中的【文件】|【导入】|【文件】命令，打开【导入文件】对话框，选择云盘下载中的"工程文件\第7章\Hp7文字炸碎\Hp7.png、背景.jpg"素材，如图7.132所示。单击【导入】按钮，"Hp7.png、背景.jpg"素材将导入到【项目】面板中。

图7.131 【合成设置】对话框

图7.132 【导入文件】对话框

步骤03 打开"炸碎"合成,在【项目】面板中选择"Hp7.png"素材,将其拖动到"炸碎"合成时间线面板中,如图7.133所示。

图7.133 添加素材

步骤04 选中"Hp7.png"层,选择工具栏中的【矩形工具】,在"炸碎"合成窗口中绘制一个矩形蒙版,如图7.134所示。

图7.134 绘制矩形蒙版

● **提示**

使用标准形状的蒙版工具可以直接在合成素材上拖动绘制,系统会自动按蒙版的区域进行去除操作。

步骤05 选中"Hp7.png"层,将时间调整到00:00:00:13帧的位置,单击【蒙版路径】属性的码表按钮,在当前位置添加关键帧;将时间调整到00:00:00:24帧的位置,拖动矩形路径向下移动,直到看不到文字为止,动画如图7.135所示。

图7.135 动画蒙版

步骤06 在【项目】面板中,再次选择"Hp7.png"素材,将其拖动到"炸碎"合成的时间线面板中,如图7.136所示。

图7.136 添加素材

步骤07 选中"Hp7.png"层,按Enter键将其重新命名为"Hp7.png1",并设置该层入点为00:00:00:13帧的位置;单击"Hp7.png"前面的隐藏与显示按钮◎，将"Hp7.png"层隐藏，如图7.137所示。

图7.137 重命名设置

步骤08 选中"Hp7.png1"层，在【效果和预设】面板中展开【模拟】特效组，双击CC Pixel Polly（CC像素多边形）特效，如图7.138所示，画面效果如图7.139所示。

图7.138 添加CC Pixel Polly（CC像素多边形）特效

图7.139 反面效果

步骤09 在【效果控件】面板中，设置Force（力量）数值为-98，Gravity（重力）数值为0，Force Center（力量中心）数值为（510、402），Direction Randomness（方向随机）数值93%，Speed Randomness（速度随机）数值为98%，Grid Spacing（网格间距）数值为8，如图7.140所示，画面效果如图7.141所示。

图7.140 参数设置

图7.141 设置后效果

步骤10 在【效果控件】面板中，按住Alt键单击Force（力量）左侧的码表按钮，在时间线面板中输入"wiggle(0,25)"，按住Alt键单击Direction Randomness（方向随机）左侧的码表按钮，在时间线面板中输入"wiggle(0,15)"；按住Alt键单击Speed Randomness（速度随机）左侧的码表按钮，在时间线面板中输入"wiggle(0,25)"；按住Alt键单击Grid Spacing（网格间距）左侧的码表按钮，在时间线面板中输入"wiggle(0, 5)"，表达式如图7.142所示。

图7.142 表达式设置

步骤11 选中"Hp7.png1"层，选择工具栏中的【矩形工具】■，在"炸碎"合成窗口中绘制一个矩形蒙版，如图7.143所示。

图7.143 绘制蒙版

步骤12 将时间调整到00:00:00:13帧的位置，单击【蒙版路径】属性的码表按钮，在当前位置添加关键帧；将时间调整到00:00:00:24帧的位置，拖动蒙版路径向下移动，直到看不到文字为止，效果如图7.144所示。

图7.144 动画蒙版

步骤13 选中"Hp7.png"层，单击"Hp7.png"前面的隐藏与显示按钮 👁，将"Hp7.png"层显示，如图7.145所示。

图7.145 显示"Hp7.png"层

步骤14 选中"Hp7.png1"，设置其图层模式为【相加】，按Ctrl+D键复制到"Hp7.png12"层，如图7.146所示。

图7.146 复制层

步骤15 选中"Hp7.png12"，按住Shift键选择

"Hp7.png1"层，从上到下依次选择完毕之后，执行菜单栏中的【文件】|【脚本】|【运行脚本文件】命令，在弹出的对话框中选择"云盘下载中的工程文件\第7章\Hp7文字炸碎\Sequencer.jsx"，如图7.147所示。单击【打开】按钮，会自动弹出对话框，单击OK（确定）按钮，此时，时间线面板效果如图7.148所示。

图7.147 选择素材

图7.148 时间线面板

步骤16 将时间调整到00:00:00:12帧的位置，删除"Hp7.png12"层到"Hp7.png1"层蒙版的关键帧，选中"Hp7.png1"，按住Shift键选择"Hp7.png12"层，从下到上依次选择完毕之后，执行菜单栏中的【文件】|【脚本】|【运行脚本文件】命令，在弹出的对话框中选择"云盘下载中的工程文件\第7章\Hp7文字炸碎\Sequencer.jsx"，单击【打开】按钮，会自动弹出对话框，单击OK（确定）按钮，此时时间线面板如图7.149所示。

图7.149 时间线面板

步骤17 选择"Hp7.png12"层到"Hp7.png1"层，将它们拖动到00:00:00:13帧的位置，如图7.150所示。

图7.150 起始点设置

步骤18 此时播放动画，如图7.151所示。

图7.151 动画效果

步骤19 选择"Hp7.png12"层到"Hp7.png1"层，按Ctrl+D组合键，对12个层进行复制，如图7.152所示。

图7.152 复制层

步骤20 将鼠标放到复制层的上面，将已复制的层拖动到"Hp7.png24"层的下方，如图7.153所示。

图7.153 调节层

步骤21 选择"Hp7.png13"层到"Hp7.png24"层，将时间调整到00:00:00:13帧的位置，按[键，设置各层的入点，如图7.154所示。

图7.154 设置入点

步骤22 选中"Hp7.png24"层，在【效果和预设】面板中展开【模糊和锐化】特效组，双击【快速模糊】特效，如图7.155所示，此时画面效果如图7.156所示。

图7.155 添加【快速模糊】特效

图7.156 快速模糊效果

步骤23 在【效果控件】面板中，设置【模糊度】数值为10，从【模糊方向】右侧下拉列表中选择【垂直】选项，勾选【重复边缘像素】复选框，参数设置如图7.157所示，效果如图7.158所示。

图7.157 参数设置

图7.158 设置后效果

步骤24 选中"Hp7.png24"层的【快速模糊】特效，按Ctrl+C组合键分别粘贴到其他复制层上，效果如图7.159所示。

图7.159 粘贴特效效果

步骤25 选中"Hp7.png13"，按Shift选择"Hp7.png24"层，从下到上依次选择完毕之后，执行菜单栏中的【文件】|【脚本】|【运行脚本文件】命令，在弹出的对话框中选择"云盘下载中的工程文件\第7章\Hp7文字炸碎\Sequencer.jsx"，单击【打开】按钮，会自动弹出对话框，单击OK（确定）按钮，此时时间线面板如图7.160所示。

图7.160 时间线面板

步骤26 选择"Hp7.png13"层到"Hp7.png24"层，将它们拖动到00:00:00:13帧的位置，如图7.161所示。

图7.161 设置层入点

步骤27 此时播放动画，效果如图7.162所示。

图7.162 动画效果

步骤28 执行菜单栏中的【图层】|【新建】|【调整图层】命令，调整图层会自动出现在时间线面板

中，如图7.163所示。

图7.163　设置【调整图层】

步骤29 选中"调整图层 1"层，在【效果和预设】面板中展开【风格化】特效组，双击【发光】特效，如图7.164所示，此时画面效果如图7.165所示。

图7.164　添加【发光】特效

图7.165　发光效果

步骤30 在【效果控件】面板中，从【发光颜色】右侧下拉列表中选择【A和B颜色】，设置【颜色A】为青色（R：0；G：192；B：255），【颜色B】为蓝色（R：27；G：4；B：252），从【发光维度】右侧下拉列表中选择【垂直】选项，如图7.166所示，画面效果如图7.167所示。

图7.166　参数设置

图7.167　设置后效果

步骤31 在【效果控件】面板中选择【发光】特效，按Ctrl+D组合键复制出"发光2"，如图7.168所示，画面效果如图7.169所示。

图7.168　复制【发光】特效

图7.169　发光效果

步骤32 在【效果控件】面板中，设置"发光2"特效下的【发光半径】为20，【颜色B】为浅蓝色（R：4；G：144；B：252），参数如图7.170所示，效果如图7.171所示。

图7.170 参数设置

图7.173 复制【发光】特效

图7.171 发光效果

步骤33 选中"调整图层 1"层，将时间调整到00:00:00:24帧的位置，设置【发光强度】数值为1，单击码表按钮，在当前位置添加关键帧；将时间调整到00:00:01:10帧的位置，设置【发光强度】数值为4，系统会自动创建关键帧，如图7.172所示。

图7.172 关键帧设置

步骤34 在【效果控件】面板中，选择"发光 2"特效，按Ctrl+D组合键复制出"发光 3"，如图7.173所示，画面效果如图7.174所示。

图7.174 发光效果

步骤35 在【效果控件】面板中，设置"发光 3"特效下的【发光半径】为50，【颜色A】为浅蓝色（R：8；G：125；B：164）、【颜色B】为蓝色（R：4；G：45；B：252），从【发光维度】右侧下拉列表中选择【水平和垂直】选项，如图7.175所示，效果如图7.176所示。

图7.175 参数设置

图7.176 发光效果

步骤36 选中"调整图层 1"层，将时间调整到00:00:00:17帧的位置，设置【发光强度】数值为1，单击码表按钮，在当前位置添加关键帧；将时间调整到00:00:01:03帧的位置，设置【发光强度】数值为4，系统会自动创建关键帧，如图7.177所示。

图7.177 关键帧设置

步骤37 这样就完成了"炸碎"合成的制作，预览其中的几帧效果，如图7.178所示。

图7.178 "炸碎"合成

7.13.2 制作Hp7文字炸碎合成

步骤01 执行菜单栏中的【合成】|【新建合成】命令，打开【合成设置】对话框，新建一个【合成名称】为"Hp7文字炸碎"，【宽度】为1024，【高度】为576px，【帧速率】为25帧/秒，【持续时间】为00:00:02:00秒的合成。

步骤02 打开"Hp7文字炸碎"合成，在【项目】面板中选择"背景.jpg、炸碎合成"，将其拖动到"Hp7文字炸碎"合成的时间线面板中，如图7.179所示。

图7.179 添加"背景、炸碎"素材

步骤03 选中"炸碎"合成，在工具栏中选择【椭圆工具】按钮，在"Hp7文字炸碎"合成窗口中绘制椭圆蒙版，如图7.180所示。

图7.180 绘制蒙版

步骤04 选择【蒙版】层，按F键展开【蒙版羽化】属性，设置【蒙版羽化】数值为（60，60），如图7.181所示。

图7.181 蒙版羽化

●提示

　　使用标准形状的蒙版工具可以直接在合成素材上拖动绘制，系统会自动按蒙版的区域进行去除操作。

步骤05 这样就完成了"Hp7文字炸碎"的整体制作，按小键盘上的0键即可，在合成窗口中预览动画，效果如图7.182所示。

图7.182 动画预览效果

影视汇聚特效合成——
穿越水晶球

● 特效解析

　　本例主要讲解影视汇聚特效合成的制作。利用粒子特效及极坐标特效制作真实的星空效果，利用灯光工
厂特效制作绚丽的光效。完成的动画流程画面如图8.1所示。

图8.1 动画流程画面

● 学习目标

　　通过本例的制作，学习【极坐标】特效、CC Lens（CC镜头）特效的参数设置及使用方法，掌握图像
变形的制作。

• 操作步骤

8.1 制作合成Light_b

步骤01 执行菜单栏中的【合成】|【新建合成】命令，打开【合成设置】对话框，设置【合成名称】为合成Light_b，【宽度】数值为1024px，【高度】数值为576px，【帧速率】为25帧/秒，并设置【持续时间】为00:00:10:00秒，如图8.2所示。

步骤02 执行菜单栏中的【文件】|【导入】|【文件】命令，打开【导入文件】对话框，选择云盘下载中的"工程文件\第8章\穿越水晶球\背景.jpg、light_b.jpg、Light_A.jpg"素材，如图8.3所示。单击【导入】按钮，"背景.jpg、light_b.jpg、Light A.jpg"素材将导入到【项目】面板中。

图8.2 【合成设置】对话框

图8.3 【导入文件】对话框

步骤03 打开"合成Light_b"合成，在【项目】面板中选择"light_b.jpg"素材，将其拖动到"合成

Light_b"合成时间线面板中，如图8.4所示。

图8.4 添加素材

步骤04 选中"light_b.jpg"层，按Enter键重新命名为"light_b1.jpg"，如图8.5所示。

图8.5 重命名设置

步骤05 选中"light_b1.jpg"层，按住P键展开【位置】属性，设置【位置】数值为（522，342），如图8.6所示。

图8.6 设置【位置】参数

步骤06 选中"light_b1.jpg"层，在【效果和预设】面板中展开【扭曲】特效组，双击【湍流置换】特效，如图8.7所示，效果如图8.8所示。

图8.7 添加【湍流置换】特效

图8.8 湍流置换效果

步骤07 在【效果控件】面板中，设置【大小】数值为66，如图8.9所示，效果如图8.10所示。

图8.9 设置【大小】参数

图8.10 设置后效果

● 提示

【湍流置换】特效可以使图像产生各种凸起、旋转等动荡不安的效果。

步骤08 在时间线面板中，按住Alt键的同时用鼠标单击【演化】左侧的码表 ⏱ 按钮，在"合成Light_b"的时间线面板中输入"time*50"，如图8.11所示。

图8.11 表达式设置

步骤09 选中"light_b1.jpg"层，按Ctrl+D组合键复制出"light_b.jpg2"层，按Enter键重新命名为"light_b2.jpg"，如图8.12所示。

图8.12 复制层设置

步骤10 选中"light_b2.jpg"层，按P键展开【位置】属性，设置【位置】数值为（478，396），如图8.13所示。

图8.13 设置【位置】参数

步骤11 选中"light_b2.jpg"层，设置该层的图层模式为【屏幕】，如图8.14所示。

图8.14 图层模式设置

● 提示

屏幕模式与正片叠底模式正好相反，它将图像下一层的颜色与当前颜色结合起来，产生比两种颜色都浅的第三种颜色，并将当前层的互补色与下一层颜色复合，显示较亮的颜色。

步骤12 选中"light_b2.jpg"层,按Ctrl+D组合键复制出"light_b.jpg3"层,按Enter键重命名为"light_b3.jpg"层,如图8.15所示。

图8.15 复制层设置

步骤13 选中"light_b3.jpg"层,按P键展开【位置】属性,设置【位置】数值为(434,120);按R键展开【旋转】属性,设置【旋转】数值为180,如图8.16所示。

图8.16 参数设置

步骤14 这样就完成了"合成Light_b"合成的制作,预览其中几帧动画效果,如图8.17所示。

图8.17 其中几帧动画效果

8.2 制作合成Light_A

步骤01 执行菜单栏中的【合成】|【新建合成】命令,打开【合成设置】对话框,设置【合成名称】为合成Light_A,【宽度】数值为1024px,【高度】数值为576px,【帧速率】为25帧/秒,【持续时间】为00:00:10:00秒。

步骤02 打开"合成Light_A"合成,在【项目】面板中选择"Light_A.jpg"素材,将其拖动到"合成Light_A"合成时间线面板中,如图8.18所示。

图8.18 添加素材

步骤03 选中"Light A.jpg"层,按Enter键重新命名为"Light A1.jpg",如图8.19所示。

图8.19 重命名设置

步骤04 选中"Light A1.jpg"层,在【效果和预设】中展开【扭曲】特效组,双击【湍流置换】特效,如图8.20所示,效果如图8.21所示。

图8.20 添加【湍流置换】特效

图8.21 湍流置换效果

步骤05 在【效果控件】面板中，设置【大小】数值为66，如图8.22所示，效果如图8.23所示。

图8.22 设置【大小】参数

图8.24 表达式设置

图8.25 复制层设置

步骤08 选中"Light A2.jpg"层，按P键展开【位置】属性，设置【位置】数值为（492，185），如图8.26所示。

图8.26 设置【位置】参数

步骤09 选中"Light A2.jpg"层，设置该层的图层模式为【屏幕】，如图8.27所示。

图8.27 图层模式设置

图8.23 设置后效果

步骤06 在时间线面板中，按住Alt键的同时用鼠标单击【演化】左侧的码表 按钮，在"合成Light_A"的时间线面板中输入"time*50"，如图8.24所示。

步骤07 选中"Light_A1.jpg"层，按Ctrl+D组合键复制出一个副本层，按Enter键重新命名为"Light A2.jpg"，如图8.25所示。

步骤10 这样就完成了"合成Light_A"合成的制作，预览其中几帧动画效果，如图8.28所示。

图8.28 其中几帧动画效果

8.3 制作合成A_B

步骤01 执行菜单栏中的【合成】|【新建合成】命令，打开【合成设置】对话框，设置【合成名称】为合成A_B，【宽度】数值为1024px，【高度】数值为576px，【帧速率】为25帧/秒，【持续时间】为00:00:10:00秒。

步骤02 打开"合成A_B"，在【项目】面板中选择"合成Light_b"，将其拖动到"合成A_B"时间线面板中，如图8.29所示。

图8.29 添加合成

步骤03 选中"合成Light_b"层，按Enter键重新命名为"合成Light_b1"，如图8.30所示。

图8.30 重命名设置

步骤04 选中"合成Light_b1"层，按P键展开【位置】属性，设置【位置】数值为（530，290）；按S键展开【缩放】属性，设置【缩放】数值为（90，90），如图8.31所示。

图8.31 参数设置

步骤05 选中"合成Light_b1"层，在【效果和预设】面板中展开【扭曲】特效组，双击【极坐标】特效，如图8.32所示，效果如图8.33所示。

图8.32 添加【极坐标】特效

图8.33 极坐标效果

● 提示

【极坐标】特效可以将图像的直角坐标和极坐标进行相互转换，产生变形效果。

步骤06 在【效果控件】面板中，设置【插值】数值为100%，从【转换类型】右侧的下拉列表中选择【矩形到极线】，如图8.34所示，效果如图8.35所示。

图8.34 参数设置

图8.35 设置后效果

步骤07 更改颜色设置。选中"合成Light_b1"层，在【效果和预设】面板中展开【颜色校正】特效组，双击【曲线】特效，如图8.36所示。

图8.36 添加【曲线】特效

步骤08 在【效果控件】面板中，从【通道】右侧的下拉列表中选择【RGB】通道，调整曲线形状如图8.37所示。

图8.37 【RGB】通道调整

步骤09 从【通道】右侧的下拉列表中选择【红色】通道，调整曲线形状如图8.38所示。

步骤10 从【通道】右侧的下拉列表中选择【蓝色】通道，调整曲线形状形状如图8.39所示，此时画面效果如图8.40所示。

图8.38 【红色】通道调整

图8.39 【蓝色】通道调整

图8.40 曲线效果

步骤11 选中"合成Light_b1"层，按Ctrl+D组合键复制出"合成Light_b2"，如图8.41所示。

图8.41 复制层设置

步骤12 选中"合成Light_b2"层，设置该层的图层模式为【相加】，如图8.42所示。

图8.42 图层模式设置

步骤13 调整"合成Light_b2"层位置，选中"合成Light_b2"层，按P键展开【位置】属性，设置【位置】数值为（506，290）；按R键展开【旋转】属性，设置【旋转】数值为180，参数如图8.43所示。

图8.43 参数设置

步骤14 在【项目】面板中选择"合成Light_A"合成，将其拖动到"合成A_B"的时间线面板中，如图8.44所示。

图8.44 添加合成

步骤15 选中"合成Light_A"层，按Enter键重新命名为"合成Light_A1"层，并设置其图层模式为【相加】，如图8.45所示。

图8.45 重命名设置

步骤16 选中"合成Light_A1"层，按P键展开【位置】属性，设置【位置】数值为（520，240），如图8.46所示。

图8.46 设置【位置】参数

步骤17 选中"合成Light_A1"层，在【效果和预设】面板中展开【扭曲】特效组，双击【极坐标】特效，如图8.47所示，画面效果如图8.48所示。

图8.47 添加【极坐标】特效

图8.48 极坐标效果

步骤18 在【效果控件】面板中，设置【插值】数值为100%，从【转换类型】右侧的下拉列表中选择【矩形到极线】，如图8.49所示，效果如图8.50所示。

图8.49 参数设置

图8.50 设置后效果

步骤19 选中"合成Light_A1"层，在【效果和预设】面板中展开【扭曲】特效组，双击CC Lens（CC镜头）特效，如图8.51所示，效果如图8.52所示。

图8.51 添加CC Lens（CC镜头）特效

图8.52 CC镜头效果

步骤20 在【效果控件】面板中，设置Center（中心）数值为（512，340），Size（大小）数值为38，如图8.53所示，效果如图8.54所示。

图8.53 参数设置

图8.54 设置后效果

步骤21 颜色调节。选中"合成Light_A1"层，在【效果和预设】面板中展开【颜色校正】特效组，

双击【曲线】特效，如图8.55所示。

图8.55 添加【曲线】特效

步骤22 在【效果控件】面板中，从【通道】右侧的下拉列表中选择【RGB】通道，调整曲线形状，如图8.56所示。

图8.56 【RGB】通道调整

步骤23 从【通道】右侧的下拉列表中选择【红色】通道，调整曲线形状，如图8.57所示。

步骤24 从【通道】右侧的下拉列表中选择【绿色】通道，调整曲线形状，如图8.58所示。

图8.57 【红色】通道调整

图8.58 【绿色】通道调整

步骤25 从【通道】右侧的下拉列表中选择【蓝色】通道，调整曲线形状，如图8.59所示。

步骤26 选中"合成Light_A1"层，按Ctrl+D组合键复制出"合成Light_A2"层，如图8.60所示。

图8.59 【蓝色】通道调整

图8.60 复制层设置

步骤27 选中"合成Light_A2"层，在【效果控件】面板中，将CC Lens（CC镜头）特效删除，所剩特效如图8.61所示，画面效果如图8.62所示。

图8.61 删除特效

图8.62 删除特效后效果

步骤28 按P键展开【位置】属性，设置【位置】数值为（502，256），按S键展开【缩放】属性，设置【缩放】数值为（50，50），如图8.63所示。

图8.63 参数设置

步骤29 执行菜单栏中的【图层】|【新建】|【纯色】命令，打开【纯色设置】对话框，设置【名称】为粒子1，【宽度】数值为1024像素，【高度】数值为576像素，【颜色】为黑色，如图8.64所示。

步骤30 选中"粒子1"层，在【效果和预设】面板中展开【模拟】特效组，双击CC Particle World（CC粒子仿真世界）特效，如图8.65所示。

图8.64 【纯色设置】对话框

图8.65 添加CC Particle World（CC粒子仿真世界）特效

步骤31 在【效果控件】面板中，设置Birth Rate（出生率）数值为0.6；展开Producer（发生器）选项组，设置Radius X（X轴半径）数值为0.145，Radius Y（Y轴半径）数值为0.135，Radius Z（Z轴半径）数值为0.805，如图8.66所示，效果如图8.67所示。

图8.66 设置Producer（发生器）参数

图8.67 设置后效果

步骤32 展开Physics（物理学）选项组，从Animation（动画）右侧的下拉列表中选择Twirl（扭转），设置Velocity（速度）数值为0.06，Gravity（重力）数值为0，如图8.68所示，效果如图8.69所示。

图8.68 设置physics（物理学）参数

图8.69 设置后效果

步骤33 展开Particle（粒子）选项组，从Particle Type（粒子类型）右侧的下拉列表中选择Faded Sphere（球形衰减），设置Birth Size（产生粒子大小）数值为0.14，Death Size（死亡粒子大小）数值为0.09，如图8.70所示，效果如图8.71所示。

图8.70 设置Particle（粒子）参数

图8.71 设置后效果

步骤34 选中"粒子1"层，在【效果和预设】中展开【扭曲】特效组，双击CC Lens（CC镜头）特效，如图8.72所示，效果如图8.73所示。

图8.72 添加CC Lens（CC镜头）特效

图8.73 CC镜头效果

步骤35 在【效果控件】面板中，设置Center（中心）数值为（514，294），Size（大小）数值为

38，如图8.74所示，效果如图8.75所示。

图8.74 参数设置

图8.75 设置后效果

步骤36 选中"粒子1"层，设置该层的图层模式为【相加】，如图8.76所示。

图8.76 设置图层模式

步骤37 选中"粒子1"层，按Ctrl+D组合键复制出另一个"粒子1"层，按Enter键重新命名为"粒子2"层，如图8.77所示。

图8.77 复制层设置

步骤38 选中"粒子2"层，在【效果控件】面板中，设置Size（大小）数值为28，如图8.78所示，效果如图8.79所示。

图8.78 设置Size（大小）参数

图8.79 设置后效果

步骤39 这样就完成了"合成A_B"的制作，预览其中几帧动画效果，如图8.80所示。

图8.80 其中几帧动画效果

8.4 制作粒子层

步骤01 执行菜单栏中的【合成】|【新建合成】命令，打开【合成设置】对话框，设置【合成名称】为总合成，【宽度】数值为1024px，【高度】数值为576px，【帧速率】为25帧/秒，并设置【持续时间】为00:00:10:00秒的合成，如图8.81所示。

步骤02 执行菜单栏中的【图层】|【新建】|【纯色】命令，打开【纯色设置】对话框，设置【名称】为粒子1，【宽度】数值为1024像素，【高度】数值为576像素，【颜色】为黑色，如图8.82所示。

图8.81 【合成设置】对话框

图8.82 【纯色设置】对话框

步骤03 选中"粒子1"层，在【效果和预设】面板中展开【模拟】特效组，然后双击CC Particle World（CC粒子仿真世界）特效，如图8.83所示，画面效果如图8.84所示。

图8.83 添加CC Particle World（CC粒子仿真世界）特效

图8.84 CC粒子仿真世界效果

步骤04 在【效果控件】面板中，设置Longevity（寿命）数值为6；展开Producer（发生器）选项组，设置Radius X（X轴半径）数值为0.29，Radius Y（Y轴半径）数值为0.3，Radius Z（Z轴半径）数值为2，如图8.85所示，效果如图8.86所示。

图8.85 设置Producer（发生器）参数

步骤05 在【效果控件】面板中，展开Physics（物理学）选项组，设置Velocity（速度）数值为0，

Gravity（重力）数值为0，如图8.87所示，效果如图8.88所示。

图8.86 设置后效果

图8.87 设置Physics（物理学）参数

图8.88 设置后效果

步骤06 在【效果控件】面板中，展开Particle（粒子）选项组，从Particle Type（粒子类型）右侧的下拉列表中选择Faded Sphere（球形衰减），设置Birth Size（产生粒子大小）数值为0.08，Death Size（死亡粒子大小）数值为0.07；展开Opacity Map（不透明度贴图）将白色区域补充完整，设置Birth Color（产生粒子颜色）为白色，Death Color（死亡粒子颜色）为浅蓝色（R:219；G:238；B:250），如图8.89所示，效果如图8.90所示。

图8.89 设置Particle（粒子）参数

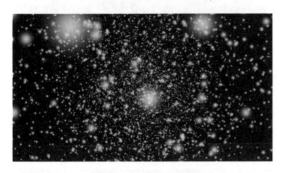

图8.90 设置后效果

步骤07 选中"粒子1"层，将时间调整到00:00:03:16帧的位置，在【效果控件】面板中，设置Birth Rate（出生率）数值为20，单击码表按钮，在当前位置添加关键帧；将时间调整到00:00:03:19帧的位置，设置Birth Rate（出生率）数值为0，系统会自动创建关键帧，如图8.91所示。

图8.91 关键帧设置

步骤08 选中"粒子1"层，以00:00:03:19帧的位置为起点，向前拖动"粒子1"层，如图8.92所示。

图8.92 设置起点

步骤09 拖动"粒子1"层后面边缘，将所缺部分补齐，如图8.93所示。

图8.93 "粒子1"层设置

步骤10 选中"粒子1"层，单击运动模糊按钮，如图8.94所示。

图8.94 开启运动模糊

步骤11 执行菜单栏中的【图层】|【新建】|【摄像机】命令，打开【摄像机设置】对话框，设置【名称】为"摄像机1"，从【预设】右侧的下拉列表中选择24毫米，单击【确定】按钮，如图8.95所示。

图8.95 新建摄像机

步骤12 执行菜单栏中的【图层】|【新建】|【空对象】命令，该层会自动创建到"总合成"时间线面板中，如图8.96所示。

图8.96 创建虚拟物体

步骤13 选中"空1"层，按Enter键重新命名为"捆绑"，单击三维层⦿按钮，如图8.97所示。

图8.97 重命名设置

步骤14 选中"摄像机1"层，在时间线面板中展开【父级】属性，将"捆绑"层父子到"摄像机 1"层，如图8.98所示。

图8.98 父子约束

步骤15 选中"捆绑"层，将时间调整到00:00:00:00帧的位置，设置【位置】数值为（512，288，2685），【Z轴旋转】数值为0，单击各属性的码表⦿按钮，在当前位置添加关键帧；将时间调整到00:00:05:21帧的位置，设置【位置】数值为（512，288，−2685），【Z轴旋转】数值为−123，系统会自动创建关键帧，如图8.99所示。

图8.99 关键帧设置

步骤16 确定"捆绑"层起到作用以后，继续制作粒子，选中"粒子1"层，按Ctrl+D组合键复制出另一个"粒子1"层，并重命名为"粒子2"层，如图8.100所示。

图8.100 复制层设置

步骤17 选中"粒子2"层，设置图层模式为【屏幕】，如图8.101所示。

图8.101 设置图层模式

步骤18 在【效果控件】面板中，展开Producer（发生器）选项组，设置Position Y（Y轴位置）数值为0.24，如图8.102所示，效果如图8.103所示。

图8.102 设置Producer（发生器）参数

图8.103 设置后效果

步骤19 在【效果控件】面板中，展开Particle（粒子）选项组，设置Birth Size（产生粒子）数值为0.47，Death Size（死亡粒子）数值为1，Max Opacity（最大不透明度）数值为20%，Brith Color（产生粒子颜色）为红色（R:157；G:4；B:4），Death Color（死亡粒子颜色）为浅红色（R:237；G:28；B:116），参数如图8.104所示，效果如图8.105所示。

图8.104　设置Particle（粒子）参数

图8.108　设置Producer（发生器）参数

图8.105　设置后效果

图8.109　设置后效果

步骤23 在【效果控件】面板中，展开Particle
（粒子）选项组，设置Brith Color（产生粒子颜
色）为紫色（R:145；G:22；B:250），Death
Color（死亡粒子颜色）为蓝色（R:46；G:94；
B:249），如图8.110所示，效果如图8.111所示。

步骤20 选中"粒子2"层，按T键展开【不透明度】
属性，设置【不透明度】数值为80%，如图8.106
所示。

图8.106　设置【不透明度】参数

步骤21 选中"粒子2"层，按Ctrl+D组合键复制出
"粒子3"层，如图8.107所示。

图8.110　设置Particle（粒子）参数

图8.107　复制层设置

步骤22 选中"粒子3"层，在【效果控件】面
板中，展开Producer（发生器）选项组，设置
Position Y（Y轴位置）数值为-0.24，如图8.108
所示，效果如图8.109所示。

图8.111　设置后效果

8.5 添加设置素材

步骤01 在【项目】面板中选择"Light_A.jpg"素材，将其拖动到"总合成"时间线面板中，如图8.112所示。

图8.112 添加素材

步骤02 选中"Light_A.jpg"层，按Enter键重新命名为"Light_A.jpg蓝1"层，并设置图层模式为【屏幕】，如图8.113所示。

图8.113 重命名设置

步骤03 选中"Light_A.jpg蓝1"层，打开三维层按钮，按P键展开【位置】属性，设置【位置】数值为（546，240，1387）；按R键展开【旋转】属性，设置【方向】数值为（29，354，358），如图8.114所示。

图8.114 参数设置

步骤04 选中"Light_A.jpg蓝1"层，在【效果和预设】中展开【颜色校正】特效组，双击【曲线】特效，如图8.115所示。

步骤05 在【效果控件】面板中，从【通道】右侧的下拉列表中选择【蓝色】，调整曲线形状如图8.116所示。

图8.115 添加【曲线】特效

图8.116 【蓝色】通道调整

步骤06 从【通道】右侧的下拉列表中选择【RGB】，调整曲线形状如图8.117所示。

图8.117 【RGB】通道调整

步骤07 选中"Light_A.jpg蓝1"层，按Ctrl+D组合键复制出另一个"Light_A.jpg蓝2"层，按Enter键重新命名为"Light_A.jpg蓝2"层，如图8.118所示。

图8.118 重命名设置

步骤08 选中"Light_A.jpg蓝2"层，按P键展开【位置】属性，设置【位置】数值为（549，143，143）；按R键展开【旋转】属性，设置【方向】数值为（347，32，83），如图8.119所示。

图8.119 参数设置

步骤09 选中"Light_A.jpg蓝2"层，按Ctrl+D组合键复制出另一个"Light_A.jpg蓝3"层，如图8.120所示。

图8.120 重命名设置

步骤10 选中"Light A.jpg蓝3"层，按P键展开【位置】属性，设置【位置】数值为（513，212，-670）；按R键展开【旋转】属性，设置【方向】数值为（51，4，343），如图8.121所示。

图8.121 参数设置

步骤11 再次在【项目】面板中，选择"Light A.jpg"素材，将其拖动到"总合成"的时间线面板中，如图8.122所示。

图8.122 添加素材

步骤12 选中"Light_A.jpg"层，按【回车键】重新命名为"Light_A.jpg红1"，并设置图层模式为【屏幕】，如图8.123所示。

图8.123 重命名设置

步骤13 选中"Light_A.jpg红1"层，打开三维层按钮，按P键展开【位置】属性，设置【位置】数值为（477，329，1387）；按R键展开【旋转】属性，设置【方向】数值为（359，19，198），如图8.124所示。

图8.124 参数设置

步骤14 选中"Light_A.jpg红1"层，在【效果和预设】中展开【颜色校正】特效组，双击【曲线】特效，如图8.125所示。

步骤15 在【效果控件】面板中，从【通道】右侧下拉列表中选择【红色】，调整曲线形状如图8.126所示。

图8.125 添加【曲线】特效

图8.126 【蓝色】通道调整

步骤16 从【通道】右侧的下拉列表中选择【RGB】，调整曲线形状如图8.127所示。

步骤17 选中"Light_A.jpg红1"层，按Ctrl+D组合键复制出另一个"Light_A.jpg红2"层，如图8.128所示。

图8.127 【RGB】通道调整

图8.128 复制层设置

步骤18 选中"Light_A.jpg红2"层，按P键展开【位置】属性，设置【位置】数值为（425，303，143）；按R键展开【旋转】属性，设置【方向】数值为（335，329，227），如图8.129所示。

图8.129 参数设置

步骤19 选中"Light_A.jpg红2"层，按Ctrl+D组合键复制出另一个"Light_A.jpg红3"层，如图8.130所示。

图8.130 重命名设置

步骤20 选中"Light_A.jpg红3"层，按P键展开【位置】属性，设置【位置】数值为（490，323，−674）；按R键展开【旋转】属性，设置【方向】数值为（327，1，170），如图8.131所示。

图8.131 参数设置

步骤21 选中"Light_A.jpg蓝1、Light_A.jpg蓝2、Light_A.jpg蓝3、Light_A.jpg红1、Light_A.jpg红2、Light_A.jpg红3"层；将时间调整到00:00:05:02帧的位置，按T键展开【不透明度】属性，设置【不透明度】数值为100%，单击码表 按钮，在当前位置添加关键帧；将时间调整到00:00:05:24帧的位置，设置【不透明度】数值为0%，系统会自动创建关键帧，如图8.132所示。

步骤22 在【项目】面板中选择"合成A_B"合成，将其拖动到"总合成"时间线面板中，如图8.133所示。

图8.132 关键帧设置

图8.133 添加合成

步骤23 选中"合成A_B"合成，按Enter键重新命名为"合成A_B1"，打开三维层 🧊，设置图层模式为【屏幕】，如图8.134所示。

图8.134 层设置

步骤24 选中"合成A_B1"层，设置【位置】数值为（512，288，-2109），如图8.135所示。

图8.135 复制关键帧

步骤25 选中"合成A_B1"层，选择工具栏中的【椭圆工具】，在"总合成"窗口中绘制椭圆蒙版，如图8.136所示。

步骤26 选中"合成A_B1"层，按F键展开【蒙

版羽化】属性，设置【蒙版羽化】数值为（50，50），如图8.137所示。

图8.136 绘制椭圆蒙版

图8.137 蒙版羽化效果

步骤27 选中"合成A_B1"层，按Ctrl+D组合键复制出"合成A_B2"层，设置（蒙版）模式为【相减】；按P键展开【位置】属性，设置【位置】数值为（512，288，-2109），如图8.138所示。

图8.138 参数设置

步骤28 在【项目】面板中选择"背景.jpg"合成，将其拖动到"总合成"时间线面板中，打开三维层 🧊，设置图层模式为【屏幕】，设置【位置】数值为（471，256，-2695），【方向】数值为（0，0，237），如图8.139所示。

图8.139 添加素材

8.6 制作灯光动画

步骤01 执行菜单栏中的【图层】|【新建】|【纯色】命令，打开【纯色设置】对话框，设置【名称】为灯光1，【宽度】数值为1024像素，【高度】数值为576像素，【颜色】为黑色，如图8.140所示。

图8.140 【纯色设置】对话框

步骤02 选中"灯光1"层，在【效果和预设】中展开【生成】特效组，双击【镜头光晕】特效，如图8.141所示。

图8.141 添加【镜头光晕】特效

步骤03 选中"灯光1"层，设置该层的图层模式为【相加】，如图8.142所示，效果如图8.143所示。

图8.142 设置图层模式

图8.143 相加模式效果

步骤04 在【特效控制】面板中设置【光晕中心】数值为（510，290），从【镜头类型】右侧的下拉列表中选择【105毫米定焦】，如图8.144所示，效果如图8.145所示。

图8.144 参数设置

图8.145 设置后效果

步骤05 选中"灯光1"层，将时间调整到00:00:00:00帧的位置，设置【光晕亮度】数值为0，单击码表 按钮，在当前位置添加关键帧；将时间调整到00:00:00:03帧的位置，设置【光晕亮度】数值为170，系统会自动创建关键帧；将时间调整到00:00:00:06帧的位置，设置【光晕亮度】数值为0，如图8.146所示。

图8.146 关键帧设置

步骤06 在【效果和预设】面板中展开【颜色校正】特效组，双击【色调】特效，如图8.147所示，效果如图8.148所示。

图8.147 添加【色调】特效

图8.148 设置后效果

步骤07 在【特效面板】中展开【颜色校正】特效组，双击【曲线】特效，如图8.149所示。

图8.149 添加【曲线】特效

步骤08 在【效果控件】面板中，从【通道】右侧的下拉列表中选择【红色】，调整曲线形状如图8.150所示。

图8.150 【红色】通道调整

步骤09 从【通道】右侧的下拉列表中选择【蓝色】，调整曲线形状如图8.151所示。

图8.151 【蓝色】通道调整

步骤10 选中"灯光1"层，按Ctrl+D组合键复制出"灯光2"层，将时间调整到00:00:00:15帧的位置，设置【光晕亮度】数值为0，单击码表 按钮，在当前位置添加关键帧；将时间调整到00:00:00:20帧的位置，设置【光晕亮度】数值为170，系统会自动创建关键帧；将时间调整到00:00:01:01帧的位置，设置【光晕亮度】数值为0，如图8.152所示。

图8.152 关键帧设置

步骤11 在【效果控件】面板中，设置【光晕中心】数值为（922，38），如图8.153所示，效果如图

8.154所示。

图8.153 参数设置

图8.154 设置后效果

步骤12 选中"灯光2"层，按Ctrl+D组合键复制出"灯光3"层，将时间调整到00:00:01:11帧的位置，设置【光晕亮度】数值为0，单击码表按钮，在当前位置添加关键帧；将时间调整到00:00:01:17帧的位置，设置【光晕亮度】数值为170，系统会自动创建关键帧；将时间调整到00:00:01:23帧的位置，设置【光晕亮度】数值为0，如图8.155所示。

图8.155 关键帧设置

步骤13 在【效果控件】面板中，设置【光晕中心】数值为（86，548），如图8.156所示，效果如图8.157所示。

图8.156 参数设置

图8.157 设置后效果

步骤14 选中"灯光3"层，按Ctrl+D组合键复制出"灯光4"层，将时间调整到00:00:02:08帧的位置，设置【光晕亮度】数值为0%，单击码表按钮，在当前位置添加关键帧；将时间调整到00:00:02:14帧的位置，设置【光晕亮度】数值为170%，系统会自动创建关键帧；将时间调整到00:00:02:20帧的位置，设置【光晕亮度】数值为3%，如图8.158所示。

图8.158 关键帧设置

步骤15 在【效果控件】面板中，设置【光晕中心】数值为（86，548），如图8.159所示，效果如图8.160所示。

图8.159 设置【光晕中心】参数

图8.160 设置后效果

步骤16 选中"灯光4"层，按Ctrl+D组合键复制出"灯光5"层，将时间调整到00:00:03:07帧的位置，设置【光晕亮度】数值为0，单击码表 ⏱ 按钮，在当前位置添加关键帧；将时间调整到00:00:03:13帧的位置，设置【光晕亮度】数值为170，系统会自动创建关键帧；将时间调整到00:00:03:19帧的位置，设置【光晕亮度】数值为0，如图8.161所示。

图8.161 关键帧设置

步骤17 在【效果控件】面板中，设置【光晕中心】数值为（936，32），如图8.162所示，效果如图8.163所示。

图8.162 设置【光晕中心】参数

图8.163 设置后效果

步骤18 选中"灯光5"层，按Ctrl+D组合键复制出"灯光6"层，将时间调整到00:00:04:05帧的位置，设置【光晕亮度】数值为0，单击码表 ⏱ 按钮，在当前位置添加关键帧；将时间调整到00:00:04:10帧的位置，设置【光晕亮度】数值为170，系统会自动创建关键帧；将时间调整到00:00:04:17帧的位置，设置【光晕亮度】数值为0，如图8.164所示。

图8.164 关键帧设置

步骤19 在【效果控件】面板中，设置【光晕中心】数值为（936，32），如图8.165所示，效果如图8.166所示。

图8.165 设置【光晕中心】参数

图8.166 设置后效果

步骤20 这样"穿越水晶球"动画就制作完成了，按小键盘上的0键预览效果。

第**9**章
Chapter

写意影视片头特效
表现——烟雾文字

• 特效解析

　　本例主要讲解写意影视片头特效的制作。利用CC粒子仿真世界特效制作出粒子云的效果。完成的动画流程画面如图9.1所示。

图9.1　动画流程画面

• 学习目标

　　通过本例的制作，学习CC Particle Word（CC粒子仿真世界）特效的参数设置及使用方法，掌握烟雾的制作。

• 操作步骤

9.1　制作粒子云合成

步骤01 执行菜单栏中的【合成】|【新建合成】命令，打开【合成设置】对话框，设置【合成名称】为粒

子云，【宽度】数值为720px，【高度】数值为576px，【帧速率】为25帧/秒，并设置【持续时间】为00:00:04:00秒，如图9.2所示。

步骤02 执行菜单栏中的【图层】|【新建】|【纯色】命令，打开【纯色设置】对话框，设置【名称】为Particular，【颜色】为白色，如图9.3所示。

图9.4 添加Particular（粒子）特效

图9.5 画面效果

图9.2 【合成设置】对话框

步骤04 在【效果控件】面板中，展开Emitter（发射器）选项组，设置Particles/sec（粒子数量）为700，在Emitter Type（发射类型）右侧的下拉列表中选择Box（盒子），Velocity（速度）数值为20，Emitter Size X（发射器X轴大小）数值为426，如图9.6所示，效果如图9.7所示。

图9.3 【纯色设置】对话框

步骤03 选中"Particular"层，在【效果和预设】面板中展开Trapcode特效组，双击Particular（粒子）特效，如图9.4所示，画面效果如图9.5所示。

图9.6 设置Emitter（发射器）参数

图9.7 设置后效果

步骤05 将时间调整到00:00:00:00帧的位置，设置Particles/sec（粒子数量）为700，单击码表⏱按钮，在当前位置添加关键帧；将时间调整到00:00:01:04帧的位置，设置Particles/sec（粒子数量）为500，系统会自动创建关键帧；将时间调整到00:00:01:20帧的位置，设置Particles/sec（粒子数量）为10，如图9.8所示。

图9.8 关键帧设置

步骤06 展开Particle（粒子）选项组，设置Life（生命）数值为3，在Particle Type（粒子类型）右侧的下拉列表中选择Cloudlet（云），设置Size（大小）数值为23，Opacity（不透明度）数值为19，Opacity Random（不透明随机）数值为95；展开Opacity Over Life（生命期的不透明度变化）选项组，单击图像右侧的第4个形状，参数如图9.9所示，效果如图9.10所示。

图9.9 设置Particle（粒子）参数

图9.10 设置后效果

步骤07 展开Physics（物理学）选项组，设置Gravity（重力）数值为500，如图9.11所示，效果如图9.12所示。

图9.11 设置physics（物理学）参数

图9.12 设置后效果

步骤08 执行菜单栏中的【图层】|【新建】|【纯色】命令，打开【纯色设置】对话框，设置【名称】为CC Particle World，【颜色】为白色，如图9.13所示。

步骤09 选中"CC Particle World"层，在【效果和预设】面板中展开【模拟】特效组，然后双击CC Particle World（CC 粒子仿真世界）特效，如图9.14所示。

图9.13 【纯色设置】对话框

图9.14 添加CC Particle World（CC 粒子仿真世界）特效

步骤10 在【效果控件】面板中，设置Birth Rate（出生率）数值为15，如图9.15所示，效果如图9.16所示。

图9.15 设置Birth Rate（出生率）参数

图9.16 设置后效果

步骤11 在【效果控件】面板中展开Producer（发生器）选项组，设置Position Y（Y轴位置）数值为0.02，Position Z（Z轴位置）数值为−0.01，Radius X（X轴半径）数值为0.39，如图9.17所示，效果如图9.18所示。

图9.17 设置Producer（发生器）参数

图9.18 设置后效果

步骤12 展开Physics（物理学）选项组，从Animation（动画）右侧的下拉列表中选择Fire（火焰），设置Velocity（速度）数值为1，Gravity（重力）数值为0，如图9.19所示，效果如图9.20所示。

图9.19 设置Physics（物理学）参数

图9.20 设置后效果

图9.22 设置后效果

步骤13 展开Particle（粒子）选项组，从Particle Type（粒子类型）右侧的下拉列表中选择Faded Sphere（球形衰减），设置Birth Size（产生粒子大小）数值为0.47，Size Variation（大小变化）数值为100%，Max Opacity（最大不透明度）数值为43%，Birth Color（产生粒子颜色）为白色，Death Color（死亡粒子颜色）为白色，如图9.21所示，效果如图9.22所示。

步骤14 将时间调整到00:00:01:02帧的位置，选中CC Particle World"层，按T键展开【不透明度】属性，设置【不透明度】数值为36%，单击码表按钮，在当前位置添加关键帧；将时间调整到00:00:01:09帧的位置，设置【不透明度】数值为100%，系统会自动创建关键帧；将时间调整到00:00:01:17帧的位置，设置【不透明度】数值为100%；将时间调整到00:00:02:12帧的位置，设置【不透明度】数值为0%，如图9.23所示。

图9.21 设置Particle（粒子）参数

图9.23 关键帧设置

步骤15 这样"粒子云"合成就制作完成了，预览其中几帧动画，效果如图9.24所示。

图9.24 其中几帧动画效果

9.2 制作分形噪波合成

步骤01 执行菜单栏中的【合成】|【新建合成】命令，打开【合成设置】对话框，设置【合成名称】为分形噪波，【宽度】数值为720px，【高度】数值为576px，【帧速率】为25帧/秒，并设置【持续时间】为00:00:04:00秒，如图9.25所示。

步骤02 执行菜单栏中的【图层】|【新建】|【纯色】命令，打开【纯色设置】对话框，设置【名称】为Fractal Noise 1，【颜色】为黑色，如图9.26所示。

图9.25 【合成设置】对话框

图9.26 【纯色设置】对话框

步骤03 选中"Fractal Noise1"层，将时间调整到00:00:01:01帧的位置，按Alt+[组合键将入点设置在当前位置，如图9.27所示。

图9.27 层设置

提示

选中素材，按Alt+[组合键可切断时间针前面的视频，按Alt+]组合键可将出点设置在当前位置。

步骤04 选中"Fractal Noise1"层，在【效果和预设】面板中展开【杂色和颗粒】特效组，双击【分形杂色】特效，如图9.28所示，效果如图9.29所示。

图9.28 添加【分形杂色】特效

图9.29 分形杂色效果

步骤05 在【效果控件】面板中，从【分形类型】右侧的下拉列表中选择【动态渐进】，设置【对比度】数值为200，【亮度】数值为−45，如图9.30所示，效果如图9.31所示。

图9.30 参数设置

图9.31 设置后效果

步骤06 将时间调整到00:00:01:18帧的位置，设置【演化】数值为0，单击码表 按钮，在当前位置添加关键帧；将时间调整到00:00:03:13帧的位置，设置【演化】数值为2×+43，系统会自动创建关键帧，如图9.32所示。

图9.32 关键帧设置

步骤07 选中"Fractal Noise1"层，选择工具栏中的【椭圆工具】 ，在"分形噪波"合成窗口中绘制椭圆蒙版，如图9.33所示。

步骤08 选中"蒙版1"，按F键展开【蒙版羽化】属性，设置【蒙版羽化】数值为（100，100）像素，如图9.34所示。

图9.33 绘制椭圆蒙版

图9.34 蒙版羽化效果

步骤09 将时间调整到00:00:01:01帧的位置，设置【不透明度】数值为0%，单击码表 按钮，在当前位置添加关键帧；将时间调整到00:00:02:10帧的位置，设置【不透明度】数值为100%，系统会自动创建关键帧；将时间调整到00:00:03:05帧的位置，设置【不透明度】数值为100%，按F9键，使关键帧变平滑；将时间调整到00:00:03:13帧的位置，设置【不透明度】数值为0%，如图9.35所示。

图9.35 关键帧设置

步骤10 选中"Fractal Noise1"层，按Ctrl+D组合键复制出"Fractal Noise2"层，如图9.36所示。

图9.36 复制层

步骤11 选中"Fractal Noise2"层，按P键展

开【位置】属性，设置【位置】数值为（288，232），如图9.37所示。

图9.37 设置【位置】参数

9.3 制作文字合成

步骤01 执行菜单栏中的【合成】|【新建合成】命令，打开【合成设置】对话框，设置【合成名称】为文字，【宽度】数值为720px，【高度】数值为576px，【帧速率】为25帧/秒，并设置【持续时间】为00:00:04:00秒，如图9.38所示。

图9.38 【合成设置】对话框

步骤02 执行菜单栏中的【文件】|【导入】|【文件】命令，打开【导入文件】对话框，选择云盘下载中的"工程文件\第9章\烟雾文字\云1.psd、云2.psd、云3.psd、Blue Sky.png"素材，如图9.39所示。单击【导入】按钮，素材将导入到【项目】面板中。

图9.39 【导入文件】对话框

步骤03 将【项目】面板中"Blue Sky.png"素材拖动到"文字"合成时间线面板中，如图9.40所示。

图9.40 添加素材

步骤04 选中"Blue Sky"层，在【效果和预设】面板中展开【颜色校正】特效组，双击【曲线】特效，如图9.41所示，默认曲线形状如图9.42所示。

图9.41 添加【曲线】特效

图9.42 默认曲线形状

步骤05 在【效果控件】面板中调整曲线形状，如图9.43所示，效果如图9.44所示。

图9.43 【RGB】通道调整

图9.44 调整后曲线效果

步骤06 更改字体颜色。在【效果和预设】面板中展开【颜色校正】特效组，双击【色调】特效，如图9.45所示，画面如图9.46所示。

图9.45 添加【色调】特效

图9.46 调整后曲线效果

步骤07 在【效果控件】面板中，设置【将黑色映射到】颜色为深蓝色（R:44，G:40，B:99），如图9.47所示，效果如图9.48所示。

图9.47 设置【将黑色映射到】颜色

图9.48 设置后效果

步骤08 为文字添加模糊效果。在【效果和预设】面板中展开【模糊和锐化】特效组，双击【摄像机镜头模糊】特效，如图9.49所示，画面如图9.50所示。

图9.49 添加【摄像机镜头模糊】特效

图9.50 摄像机镜头模糊效果

步骤09 将时间调整到00:00:02:10帧的位置，设置【糊模半径】数值为50，单击码表 按钮，在当前位置添加关键帧；将时间调整到00:00:02:23帧的位置，设置【糊模半径】数值为0，系统会自动创建关键帧，如图9.51所示。

图9.51 关键帧设置

步骤10 选择工具栏中的文字工具**T**，在"文字"合成窗口输入"蓝色天空"，字体为【方正舒体简体】，颜色为蓝色（R:175；G:176；B:238），其他参数如图9.52所示。

步骤11 选中"蓝色天空"层，设置【位置】数值为（141，336），【缩放】数值为（83，83），效果如图9.53所示。

图9.52 字体设置

图9.53 设置后效果

步骤12 选中"蓝色天空"层，在【效果和预设】面板中展开【透视】特效组，双击【斜面 Alpha】特效，如图9.54所示，不更改任何数值，画面效果如图9.55所示。

图9.54 添加【斜面 Alpha】特效

图9.55 斜面Alpha效果

步骤13 按T键展开【不透明度】属性，将时间调整到00:00:02:10帧的位置，设置【不透明度】数值为0%，单击码表 按钮，在当前位置添加关键帧；将时间调整到00:00:02:23帧的位置，设置【不透明度】数值为100%，如图9.56所示。

图9.56 设置【不透明度】关键帧

9.4 制作总合成

步骤01 执行菜单栏中的【合成】|【新建合成】命令，打开【合成设置】对话框，设置【合成名称】为总合成，【宽度】数值为720px，【高度】数值为576px，【帧速率】为25帧/秒，【持续时间】为00:00:04:00秒，如图9.57所示。

步骤02 执行菜单栏中的【图层】|【新建】|【纯色】命令，打开【纯色设置】对话框，设置【名称】为背景，【颜色】为白色，如图9.58所示。

图9.57 【合成设置】对话框

图9.58 【纯色设置】对话框

步骤03 选中"背景"层，在【效果和预设】面板中展开【生成】特效组，双击【梯度渐变】特效，如图9.59所示，画面如图9.60所示。

图9.59 添加【梯度渐变】特效

图9.60 梯度渐变效果

步骤04 在【效果控件】面板中，设置【渐变起点】数值为（364，530），【起始颜色】为蓝色（R:5；G:17；B:180），【渐变终点】数值为（366，-144），【结束颜色】为黑色，如图9.61所示，效果如图9.62所示。

图9.61 参数设置

图9.62 设置后效果

步骤05 将【项目】面板中的"粒子云"合成拖动到"总合成"时间线面板中，将时间调整到00:00:01:01帧的位置，按[键设置其入点，如图9.63所示。

图9.63 设置"粒子云"入点

步骤06 选中"粒子云"合成，按S键展开【缩放】属性，取消【约束比例】 按钮，设置【缩放】数值为（100，113）；将时间调整到00:00:01:02帧的位置，设置【位置】数值为（364，376），单击码表 按钮，在当前位置添加关键帧；将时间调整到00:00:03:00帧的位置，设置【位置】数值为（364，253），如图9.64所示。

图9.64 关键帧设置

步骤07 选择工具栏中的【矩形工具】 ，在"总合成"窗口中绘制矩形蒙版，如图9.65所示。

步骤08 选中"蒙版1"层，按F键设置【蒙版羽化】数值为（84，84），羽化后的效果如图9.66所示。

图9.65 绘制矩形蒙版

图9.66 蒙版羽化效果

步骤09 将【项目】面板中的"分形噪波"合成拖动到"总合成"时间线面板中，将时间调整到00:00:01:01帧的位置，按Alt+[组合键将入点设置在当前位置，如图9.67所示。

图9.67 层设置

步骤10 选中"分形噪波"层，设置其图层模式为【屏幕】，如图9.68所示，效果如图9.69所示。

图9.68 图层模式设置

图9.69 屏幕模式效果

步骤11 将时间调整到00:00:01:02帧的位置，设置【位置】数值为（360，395），单击码表 按钮，在当前位置添加关键帧；将时间调整到00:00:03:00帧的位置，设置【位置】数值为（366，316），系统会自动创建关键帧，如图9.70所示。

图9.70 关键帧设置

步骤12 执行菜单栏中的【图层】|【新建】|【纯色】命令，打开【纯色设置】对话框，设置【名称】为粒子1，【颜色】为黑色，如图9.71所示。

图9.71 【纯色设置】对话框

步骤13 选中"粒子1"层，在【效果和预设】中展开Trapcode特效组，双击Particular（粒子）特

效，如图9.72所示。

图9.72 添加Particular（粒子）特效

步骤14 在【效果控件】面板中，展开Emitter（发射器）选项组，设置Particles/sec（粒子数量）为100，在Emitter Type（发射类型）右侧的下拉列表中选择Box（盒子），设置Position XY（XY轴的位置）数值为（366，546），Velocity Random（速度随机）数值为100%，Emitter Size X（发射器X轴大小）数值为691，Emitter Size Y（发射器Y轴大小）数值为433，Emitter Size Z（发射器Z轴大小）数值为1671，如图9.73所示，效果如图9.74所示。

图9.73 设置Emitter（发射器）参数

图9.74 设置后效果

步骤15 展开Particle（粒子）选项组，设置Life（生命）数值为3，在Particle Type（粒子类型）右侧的下拉列表中选择Cloudlet（云），设置Size（大小）数值为45，Size Random（大小随机）数值为100，Opacity（不透明度）数值为8，如图9.75所示，效果如图9.76所示。

图9.75 设置Particle（粒子）参数

图9.76 设置后效果

步骤16 展开Physics（物理学）选项组，设置Gravity（重力）数值为0，将时间调整到00:00:01:19帧的位置，设置Physics Time Factor（物理时间因素）数值为1，单击码表 按钮，在当前位置添加关键帧；将时间调整到00:00:01:20帧的位置，设置Physics Time Factor（物理时间因素）数值为0，系统会自动创建关键帧，如图9.77所示。

图9.77 关键帧设置

步骤17 选中"粒子1"层，将时间调整到00:00:01:20

帧的位置，按Alt+[组合键，将入点设置在当前位置；将时间调整到00:00:00:00帧的位置，按[键设置入点，拖动尾部向后延伸，如图9.78所示。

图9.78 层设置

步骤18 为了操作下面步骤，打开三维层 ，设置【缩放】数值为（168，168，168）%，如图9.79所示。

图9.79 三维层设置

步骤19 选中"粒子1"层，按Ctrl+D组合键复制出另一个"粒子1"层，并重命名为"粒子2"层，将时间调整到00:00:01:01帧的位置，按Alt+]组合键切断后面的素材，如图9.80所示。

图9.80 复制层

步骤20 选中"粒子2"层，按P键展开【位置】属性，设置【位置】数值为（360，410、0）；按S键展开【缩放】属性，【缩放】数值为（217，217，217）%；按R键展开【旋转】属性，设置【X轴旋转】数值为-67，如图9.81所示。

图9.81 参数设置

步骤21 将【项目】面板中的"云2.psd"素材拖动到"总合成"时间线面板中，打开三维层 📦，如图9.82所示。

图9.82 层设置

步骤22 选中"云2.pad"层，按P键展开【位置】属性，设置【位置】数值为（210，457，257）；按S键展开【缩放】属性，设置【缩放】数值为（32，32，32）；按R键展开【旋转】属性，设置【X轴旋转】数值为-37，参数如图9.83所示。

图9.83 参数设置

步骤23 选中"云2.pad"层，双击工具栏中的【矩形工具】🔲，绘制矩形蒙版，如图9.84所示。

图9.84 绘制矩形蒙版

步骤24 选中"蒙版1"层，按F键展开【蒙版羽化】，设置【蒙版羽化】数值为（200，200）像素，如图9.85所示。

步骤25 将【项目】面板中的"云1.pad"素材，拖动到"总合成"时间线面板中，打开三维层 📦，如图9.86所示。

图9.85 蒙版羽化效果

图9.86 层设置

步骤26 选中"云1.pad"层，按P键展开【位置】属性，设置【位置】数值为（237，458，100）；按S键展开【缩放】属性，设置【缩放】数值为（27，27，27）%，参数如图9.87所示。

图9.87 参数设置

步骤27 选中"云1.psd"层，双击工具栏中的【矩形工具】🔲，如图9.88所示。

图9.88 绘制矩形蒙版

步骤28 选中"蒙版1"层，按F键展开【蒙版羽化】，设置【蒙版羽化】数值为（200，200）像素，效果如图9.89所示。

图9.89 蒙版羽化效果

步骤29 将【项目】面板中的"云3.psd"素材拖动到"总合成"时间线面板中，打开三维层🔲，如图9.90所示。

图9.90 层设置

步骤30 选中"云3.psd"层，按P键展开【位置】属性，设置【位置】数值为（617，403，117）；按S键展开【缩放】属性，设置【缩放】数值为（27，27，27）；按R键展开【旋转】属性，设置【X轴旋转】数值为-51，参数如图9.91所示。

图9.91 参数设置

步骤31 执行菜单栏中的【图层】|【新建】|【摄像机】命令，打开【摄像机设置】对话框，【预设】为50毫米，设置【名称】为"摄像机1"。

步骤32 将时间调整到00:00:00:00帧的位置，选中"摄像机1"层，按P键展开【位置】属性，设置【位置】数值为（360，288，-1000），单击

码表🔘按钮，在当前位置添加关键帧；将时间调整到00:00:03:24帧的位置，设置【位置】数值为（360，288，0），系统会自动创建关键帧，如图9.92所示。

图9.92 关键设置

步骤33 将【项目】面板中的"文字"合成拖动到"总合成"时间面板中，其入点放在00:00:01:01帧的位置，设置其图层模式为【屏幕】，如图9.93所示。

图9.93 层设置

步骤34 选中"文字"合成，按P键展开【位置】属性，设置【位置】数值为（371，298）；按S键展开【缩放】属性，设置【缩放】数值为（71，71）%，参数如图9.94所示。

图9.94 参数设置

步骤35 将时间调整到00:00:02:10帧的位置，按T键展开【不透明度】属性，设置【不透明度】数值为0%；将时间调整到00:00:03:24帧的位置，设置【不透明度】数值为100%，如图9.95所示。

图9.95 设置【不透明度】关键帧

步骤36 这样"烟雾文字"动画就制作完成了，按小键盘上的0键预览其中几帧动画效果，效果如图9.96所示。

图9.96 其中几帧动画效果

第10章

Chapter

视频路径

影视快速搜索特效表现——
星球爆炸.avi

影视快速搜索特效表现——星球爆炸

• 特效解析

本例主要讲解影视快速搜索特效。利用【碎片】特效制作地球爆炸，利用【CC快速放射模糊】特效制作爆炸前耀眼的光效，掌握【空对象】命令的使用及层的图层模式的设置。完成的动画流程画面如图10.1所示。

图10.1 动画流程画面

• 学习目标

通过本例的制作，学习【碎片】特效的参数设置及【空对象】命令的使用方法，掌握星球爆炸的制作。

• 操作步骤

10.1 制作地球合成

步骤01 执行菜单栏中的【合成】|【新建合成】命令，打开【合成设置】对话框，设置【合成名称】为地

球，【宽度】数值为1024px，【高度】数值为576px，【帧速率】为25帧/秒，并设置【持续时间】为00:00:10:00秒，如图10.2所示。

步骤02 执行菜单栏中的【文件】|【导入】|【文件】命令，打开【导入文件】对话框，选择云盘下载中的"工程文件\第10章\星球爆炸\01.jpg、02.jpg 03.jpg、04.jpg、05.jpg、06.jpg、07.jpg、earthStill.png、spaceBG.jpg、venusbump.jpg、venusmap.jpg、爆炸素材.mov"素材，如图10.3所示。单击【导入】按钮，素材将导入【项目】面板中。

图10.2 【合成设置】对话框

图10.3 【导入文件】对话框

步骤03 将导入的"01.jpg、02.jpg、03.jpg、04.jpg、05.jpg、06.jpg、07.jpg、earthStill.png"素材依次拖动到"地球"合成时间线面板中，如图10.4所示。

图10.4 添加素材

步骤04 选中"01.jpg"层，按S键展开【缩放】属性，设置【缩放】数值为（26，26）；按P键展开【位置】属性，设置【位置】数值为（426，276），如图10.5所示。

图10.5 "01.jpg"层参数设置

步骤05 为了使"01.jpg"层与"02.jpg"层更加融合，选择工具栏中的【椭圆工具】 ◯ ，在"01.jpg"层上绘制一个椭圆蒙版，如图10.6所示。

步骤06 选中"01.jpg"层，按F键展开【蒙版羽化】属性，设置【蒙版羽化】数值为（267，267）像素，效果如图10.7所示。

图10.6 绘制椭圆蒙版

图10.7 蒙版羽化效果

步骤07 展开父子链接属性，将"01.jpg"层设置为"02.jpg"层的子层，如图10.8所示。

图10.8 父子链接设置

步骤08 用同样的方法对"02.jpg"层进行对位。选中"02.jpg"层，按P键展开【位置】属性，设置【位置】数值为（419，273）；按S键展开【缩放】属性，设置【缩放】数值为（25，25），参数如图10.9所示。

图10.9 "02.jpg"层参数设置

步骤09 选择工具栏中的【椭圆工具】，在"02.jpg"层上绘制一个椭圆蒙版，如图10.10所示。

步骤10 选中"02.jpg"层，按F键展开【蒙版羽化】属性，设置【蒙版羽化】数值为（267，267），效果如图10.11所示。

图10.10 绘制椭圆蒙版

图10.11 蒙版羽化效果

步骤11 展开父子链接属性，将"02.jpg"层设置为"03.jpg"层的子层，如图10.12所示。

图10.12 父子链接设置

步骤12 选中"03.jpg"层，按S键展开【缩放】属性，设置【缩放】数值为（25，25）；按P键展开【位置】属性，设置【位置】数值为（418，273），参数如图10.13所示。

图10.13 "03.jpg"层参数设置

步骤13 选择工具栏中的【椭圆工具】，在"03.jpg"层上绘制一个椭圆蒙版，如图10.14所示。

步骤14 选中"03.jpg"层，按F键展开【蒙版羽化】属性，设置【蒙版羽化】数值为（267，267），效果如图10.15所示。

图10.14 绘制椭圆蒙版

图10.15 蒙版羽化效果

步骤15 展开父子链接属性，将"03.jpg"层设置为"04.jpg"层的子层，如图10.16所示。

图10.16 父子链接设置

步骤16 选中"04.jpg"层，按S键展开【缩放】属性，设置【缩放】数值为（25，25）；按P键展开【位置】属性，设置【位置】数值为（418，273），参数如图10.17所示。

图10.17 "04.jpg"层参数设置

步骤17 选择工具栏中的【椭圆工具】 ，在"04.jpg"层上绘制一个椭圆蒙版，如图10.18所示。

步骤18 选中"04.jpg"层，按F键展开【蒙版羽化】属性，设置【蒙版羽化】数值为（267，267）像素，效果如图10.19所示。

图10.18 绘制椭圆蒙版

图10.19 蒙版羽化效果

步骤19 展开父子链接属性，将"04.jpg"层设置为"05.jpg"层的子层，如图10.20所示。

图10.20 父子链接设置

步骤20 选中"05.jpg"层，按S键展开【缩放】属性，设置【缩放】数值为（12，12）%；按P键展开【位置】属性，设置【位置】数值为（397，274），参数如图10.21所示。

图10.21 "05.jpg"层参数设置

步骤21 选择工具栏中的【椭圆工具】，在"05.jpg"层上绘制一个椭圆蒙版，如图10.22所示。

步骤22 选中"05.jpg"层，按F键展开【蒙版羽化】属性，设置【蒙版羽化】数值为（267，267）像素，效果如图10.23所示。

图10.22 绘制椭圆蒙版

图10.23 蒙版羽化效果

步骤23 展开父子链接属性，将"05"层设置为"06"层的子层，如图10.24所示。

图10.24 父子链接设置

步骤24 选中"06.jpg"层，按S键展开【缩放】属性，设置【缩放】数值为（12，12）%；按P键展开【位置】属性，设置【位置】数值为（387，305），参数如图10.25所示。

图10.25 "06.jpg"层参数设置

步骤25 选择工具栏中的【椭圆工具】，在"06.jpg"层上绘制一个椭圆蒙版，如图10.26所示。

步骤26 选中"06.jpg"层，按F键展开【蒙版羽化】属性，设置【蒙版羽化】数值为（600，600）像素，效果如图10.27所示。

图10.26 绘制椭圆蒙版

图10.27 蒙版羽化效果

步骤27 展开父子链接属性，将"06.jpg"层设置为"07.jpg"层的子层，如图10.28所示。

图10.28 父子链接设置

步骤28 选中"07.jpg"层，按S键展开【缩放】属性，设置【缩放】数值为（73，73）%；按P键展开【位置】属性，设置【位置】数值为（301，214），参数如图10.29所示。

图10.29 "06.jpg"层参数设置

步骤29 选择工具栏中的【椭圆工具】，在"07.jpg"层上绘制一个椭圆蒙版，如图10.30所示。

步骤30 选中"07.jpg"层，按F键展开【蒙版羽化】属性，设置【蒙版羽化】数值为（267，267）像素，效果如图10.31所示。

图10.30 绘制椭圆蒙版

图10.31 蒙版羽化效果

步骤31 展开父子链接属性，将"07.jpg"层设置为"earthStill"层的子层，如图10.32所示。

图10.32 父子链接设置

步骤32 选中"01.jpg"层，将选择"02.jpg、03.jpg、04.jpg、05.jpg、06.jpg、07.jpg、earthStill.png"7层，设置父子层设置为"01.jpg"层，如图10.33所示。

图10.33 空对象设置

步骤33 选中"01.jpg"层，按S键展开【缩放】属性，将时间调整到00:00:00:00帧的位置，设置【缩放】数值为（100，100）%，单击码表 按钮，在当前位置添加关键帧；将时间调整到00:00:03:10帧的位置，设置【缩放】数值为（0，0）%，系统会自动创建关键帧，如图10.34所示。

图10.34 "01.jpg"层关键帧设置

步骤34 设置【位置】数值为（544，251），选中两个关键帧，单击鼠标右键选择【关键帧辅助】子菜单下的【指数比例】命令，如图10.35所示。

图10.35 【指数比例】命令

步骤35 将时间调整到00:00:02:24帧的位置，删除"01.jpg"层后面的关键帧，如图10.36所示。

图10.36 删除关键帧

步骤36 选择工具栏中的【椭圆工具】，在"earthStill.jpg"层上绘制一个椭圆蒙版，如图10.37所示。

步骤37 展开【蒙版1】选项组，设置【蒙版扩展】数值为-271，效果如图10.38所示。

图10.37 绘制椭圆蒙版

图10.38 设置后效果

步骤38 执行菜单栏中的【图层】|【新建】|【空对象】命令，设置【名称】为捆绑层，如图10.39所示。

图10.39 新建【空对象】

步骤39 选中"捆绑层"，将时间调整到00:00:00:00帧的位置，按R键展开【旋转】属性，设置【旋转】数值为180，单击码表 ⏱ 按钮，在当前位置添加关键帧；将时间调整到00:00:02:24帧的位置，设置【旋转】数值为0，系统会自动创建关键帧，如图10.40所示。

图10.40　关键帧设置

步骤40 执行菜单栏中的【图层】|【新建】|【纯色】命令，打开【纯色设置】对话框，设置【名称】为云1，【颜色】为白色，如图10.41所示。

步骤41 选中"云1"层，在【效果和预设】中展开【杂色和颗粒】特效组，双击【分形杂色】特效，如图10.42所示。

图10.41　【纯色设置】对话框

图10.42　添加【分形杂色】特效

步骤42 在【效果控件】面板中，从【分形类型】右侧的下拉列表中选择【动态】，设置【对比度】数值为100，【亮度】数值为−37，如图10.43所示。为了画面美观将"空对象"隐藏，效果如图10.44所示。

图10.43　参数设置

图10.44　设置后效果

步骤43 选中"云1"层，将图层模式设置为【屏幕】，如图10.45所示，效果如图10.46所示。

图10.45　图层模式设置

图10.46　屏幕模式效果

步骤44 将时间调整到00:00:00:00帧的位置，设置【不透明度】数值为0%，单击码表 ⏱ 按钮，在当前位置添加关键帧；将时间调整到00:00:00:20帧的位置，设置【缩放】数值为（1000，

1000）%，单击码表 按钮；将时间调整到
00:00:00:24帧的位置，设置【不透明度】数值
为100%；将时间调整到00:00:01:14帧的位置，
设置【不透明度】数值为100%；将时间调整到
00:00:01:20帧的位置，设置【不透明度】数值为
0%，【缩放】数值为（28，28）%，如图10.47
所示。

图10.47 关键帧设置

步骤45 选中"云1"层，按Ctrl+D组合键复制出
另一个"云1"层，并重命名为"云2"层，如图
10.48所示。

图10.48 复制层

步骤46 选中"云2"层，将时间调整到
00:00:00:15帧的位置，按[键设置入点位置，如图
10.49所示。

图10.49 层设置

步骤47 选中"云2"层，按Ctrl+D组合键复制出
另一个"云2"层，并重命名为"云3"层，如图
10.50所示。

步骤48 选中"云3"层，将时间调整到
00:00:01:05帧的位置，按[键设置入点位置，如图
10.51所示。

图10.50 复制层

图10.51 层设置

步骤49 将时间调整到00:00:01:05帧的位置，设
置【不透明度】数值为0，单击码表 按钮，在当
前位置添加关键帧；将时间调整到00:00:02:04帧
的位置，设置【不透明度】数值为100；将时间调
整到00:00:02:00帧的位置，设置【缩放】数值为
（1000，1000）%；将时间调整到00:00:02:06
帧的位置，设置【不透明度】数值为100；将时间
调整到00:00:02:15帧的位置，设置【不透明度】
数值为0，【缩放】数值为（28，28）%，如图
10.52所示。

图10.52 关键帧设置

步骤50 将"云1、云2、云3"三个层子父到"捆绑
层"上，如图10.53所示。

图10.53 捆绑设置

步骤51 选中"地球"合成中的所有层，单击快速模
糊 按钮，如图10.54所示。

图10.54 快速模糊设置

步骤52 这样就完成了"地球"合成的制作，预览其中几帧动画效果如图10.55所示。

图10.55 其中几帧动画效果

10.2 制作球面模糊合成

步骤01 执行菜单栏中的【合成】|【新建合成】命令，打开【合成设置】对话框，设置【合成名称】为球面模糊，【宽度】数值为1024px，【高度】数值为576px，【帧速率】为25帧/秒，并设置【持续时间】为00:00:10:00秒。

步骤02 将【项目】面板中的"venusmap.jpg"素材拖动到"球面模糊"合成时间线面板中，如图10.56所示。

图10.56 添加素材

步骤03 选中"venusmap.jpg"层，在【效果和预设】面板中展开【颜色校正】特效组，双击【色相/饱和度】特效，如图10.57所示，效果如图10.58所示。

图10.57 添加【色相/饱和度】特效

图10.58 色相/饱合度效果

步骤04 在【效果控件】面板中，设置【主饱和度】数值为-48，【主亮度】数值为-43，如图10.59所示，效果如图10.60所示。

图10.59 参数设置

图10.60 设置后效果

10.3 制作球面合成

步骤01 执行菜单栏中的【合成】|【新建合成】命令，打开【合成设置】对话框，设置【合成名称】为球面，【宽度】数值为1024px，【高度】数值为576px，【帧速率】为25帧/秒，并设置【持续时间】为00:00:10:00秒。

步骤02 将【项目】面板中的"venusmap.jpg"素材拖动到"球面"合成时间线面板中，如图10.61所示。

图10.61 添加素材

步骤03 选中"venusmap.jpg"层，在【效果和预设】中展开【颜色校正】特效组，双击【色相/饱和度】特效，如图10.62所示，效果如图10.63所示。

图10.62 添加【色相/饱和度】特效

图10.63 色相/饱和度效果

步骤04 在【效果控件】面板中，设置【主饱和度】数值为-48，【主亮度】数值为-43，如图10.64所示，效果如图10.65所示。

图10.64 参数设置

图10.65 设置后效果

10.4 制作球面高光合成

步骤01 执行菜单栏中的【合成】|【新建合成】命令，打开【合成设置】对话框，设置【合成名称】为球面高光，【宽度】数值为1024px，【高度】数值为576px，【帧速率】为25帧/秒，并设置【持续时间】为00:00:10:00秒。

步骤02 将【项目】面板中的"venusmap.jpg"素材拖动到"球面高光"合成时间线面板中，如图10.66所示。

图10.66 添加素材

步骤03 选中"venusmap.jpg"层，在【效果和预设】中展开【颜色校正】特效组，双击【色相/饱和度】特效，如图10.67所示，效果如图10.68所示。

图10.67 添加【色相/饱和度】特效

图10.68 色相/饱和度效果

步骤04 在【效果控件】面板中，设置【主饱和度】数值为-48，【主亮度】数值为-43，如图10.69所示，效果如图10.70所示。

图10.69 参数设置

图10.70 设置后效果

10.5 制作球面纹理合成

步骤01 执行菜单栏中的【合成】|【新建合成】命令，打开【合成设置】对话框，设置【合成名称】为球面纹理，【宽度】数值为1024px，【高度】数值为576px，【帧速率】为25帧/秒，并设置【持续时间】为00:00:10:00秒。

步骤02 将【项目】面板中的"venusbump.jpg"素材拖动到"球面纹理"合成时间线面板中，如图10.71所示。

图10.71 添加素材

步骤03 选中"venusbump.jpg"层，在【效果和预设】中展开【通道】特效组，双击【反转】特效，如图10.72所示，效果如图10.73所示。

图10.72 添加【反转】特效

图10.73 反转效果

步骤04 在【效果和预设】中展开【颜色校正】特效组，双击【曲线】特效，如图10.74所示，默认曲线形状如图10.75所示。

图10.74 添加【曲线】特效

图10.75 默认曲线形状

步骤05 调整曲线形状如图10.76所示，效果如图10.77所示。

图10.76 调整曲线形状

图10.77 曲线效果

步骤06 对颜色进行调整。在【效果和预设】面板中展开【颜色校正】特效组，双击【色调】特效，如图10.78所示，此时效果如图10.79所示。

图10.78 添加【色调】特效

图10.79 色调效果

步骤07 在【效果控件】面板中，设置【将白色映射到】颜色为橘黄色（R:255；G:120；B:0），如图10.80所示，效果如图10.81所示。

图10.80 设置【将白色映射到】颜色

图10.81 设置后效果

步骤08 选中"venusbump.jpg"层，按Ctrl+D组合键复制出另一个"venusbump.jpg"层，并重命名为"venusbump2.jpg"层，如图10.82所示。

图10.82 复制层

步骤09 选中"venusbump2.jpg"层，在【效果控件】面板中删除【色调】特效，设置与"venusbump.jpg"层的【轨道遮罩】为【亮度遮罩"venusbump2.jpg"】，如图10.83所示。

图10.83 蒙版跟踪模式

10.6 制作合成

步骤01 执行菜单栏中的【合成】|【新建合成】命令，打开【合成设置】对话框，设置【合成名称】为合成，【宽度】数值为1024px，【高度】数值为576px，【帧速率】为25帧/秒，并设置【持续时间】为00:00:10:00秒。

步骤02 将【项目】面板中的"球面模糊、球面、球面高光、球面纹理"素材拖动到"合成"时间线面板中，如图10.84所示。

图10.84 添加素材

步骤03 选中"球面模糊"层，在【效果和预设】面板中展开【透视】特效组，双击CC Sphere（CC球体）特效，如图10.85所示，将"球面、球面高光、球面纹理"隐藏，效果如图10.86所示。

图10.85 添加CC Sphere（CC球体）特效

图10.86 CC球体效果

步骤04 在【效果控件】面板中，展开Light（灯光）选项组，设置Light Intensity（灯光亮度）数值为50，如图10.87所示，效果如图10.88所示。

图10.87 设置Light（灯光）参数

图10.88 设置后效果

步骤05 展开Shading（阴影）选项组，设置Ambient（环境光）数值为75，如图10.89所示，效果如图10.90所示。

图10.89　设置Shading（阴影）参数

图10.90　设置后效果

步骤06 将时间调整到00:00:00:00帧的位置，设置Y Retation（Y轴旋转）数值为0，单击码表按钮，在当前位置添加关键帧；将时间调整到00:00:03:19帧的位置，设置Y Retation（Y轴旋转）数值为180，如图10.91所示。

图10.91　关键帧设置

步骤07 在【效果和预设】面板中展开【颜色校正】特效组，双击【曲线】特效，如图10.92所示。

步骤08 调整曲线形状如图10.93所示，效果如图10.94所示。

图10.92　添加【曲线】特效

图10.93　调整曲线形状

图10.94　调整曲线后效果

步骤09 在【效果和预设】面板中展开【模糊和锐化】特效组，双击CC Radial Fast Blur（CC快速放射模糊）特效，如图10.95所示，效果如图10.96所示。

图10.95　添加CC Radial Fast Blur（CC快速放射模糊）特效

图10.96 CC快速放射模糊效果

步骤10 选中"球面"层，将该层调整为显示，在【效果和预设】面板中展开【透视】特效组，双击CC Sphere（CC球体）特效，如图10.97所示，效果如图10.98所示。

图10.97 添加CC Sphere（CC球体）特效

图10.98 CC球体效果

步骤11 将时间调整到00:00:00:00帧的位置，设置Rotation Y（Y轴旋转）数值为0，单击码表按钮，在当前位置添加关键帧；将时间调整到00:00:03:19帧的位置，设置Rotation Y（Y轴旋转）数值为180，如图10.99所示。

图10.99 关键帧设置

步骤12 在【效果和预设】面板中展开【颜色校正】特效组，双击【曲线】特效，如图10.100所示。

步骤13 调整曲线形状如图10.101所示，效果如图10.102所示。

图10.100 添加【曲线】特效

图10.101 调整曲线形状

图10.102 调整曲线后效果

步骤14 在【效果和预设】中展开【风格化】特效组，双击【发光】特效，如图10.103所示，效果如图10.104所示。

图10.103 添加【发光】特效

图10.104 发光效果

步骤15 设置【发光半径】数值为45，从【合成原始项目】右侧的下拉列表中选择【顶端】，【发光颜色】为【A和B颜色】，设置【颜色A】为橘黄色（R:206；G:73；B:0），如图10.105所示，效果图10.106所示。

图10.105 设置【发光】参数

图10.106 设置后效果

步骤16 选中"球面高光"层，在【效果和预设】面板中展开【透视】特效组，双击CC Sphere（CC球体）特效，如图10.107所示，效果如图10.108所示。

图10.107 添加CC Sphere（CC球体）特效

图10.108 CC球体效果

步骤17 在【效果控件】面板中展开Light（灯光）选项组，设置Light Intensity（灯光亮度）数值为249，Light Height（灯光高度）数值为-40，Light Direction（灯光方向）数值为-62，如图10.109所示，效果如图10.110所示。

图10.109 设置Light（灯光）参数

图10.110 设置后效果

步骤18 展开Shading（阴影）选项组，设置Specular（高光）数值为100，如图10.111所示，效果如图10.112所示。

图10.111 设置Shading（阴影）参数

图10.112 设置后效果

步骤19 将时间调整到00:00:00:00帧的位置，设置Rotation Y（Y轴旋转）数值为0，单击码表按钮，在当前位置添加关键帧；将时间调整到00:00:03:19帧的位置，设置Rotation Y（Y轴旋转）数值为180，如图10.113所示。

图10.113 关键帧设置

步骤20 选中"球面高光"层，设置其图层模式为【屏幕】，如图10.114所示，效果如图10.115所示。

图10.114 图层模式设置

图10.115 屏幕模式效果

步骤21 选中"球面纹理"层，在【效果和预设】面板中展开【透视】特效组，双击CC Sphere（CC球体）特效，如图10.116所示，效果如图10.117所示。

图10.116 添加CC Sphere（CC球体）特效

图10.117 CC球体效果

步骤22 在【效果控件】面板中展开Light（灯光）选项组，设置Light Intensity（灯光亮度）数值为200，如图10.118所示，效果如图10.119所示。

图10.118　设置Light（灯光）参数

图10.119　设置后效果

步骤23 展开Shading（阴影）选项组，设置Ambient（环境光）数值为100，如图10.120所示，效果如图10.121所示。

图10.120　设置Shading（阴影）参数

图10.121　设置后效果

步骤24 将时间调整到00:00:00:00帧的位置，设置Rotation Y（Y轴旋转）数值为0，单击码表按钮，在当前位置添加关键帧；将时间调整到00:00:03:19帧的位置，设置Rotation Y（Y轴旋转）数值为180，如图10.122所示。

图10.122　关键帧设置

步骤25 在【效果和预设】面板中展开【风格化】特效组，双击【发光】特效，如图10.123所示，效果如图10.124所示。

图10.123　添加Glow（发光）特效

图10.124　发光效果

步骤26 设置【发光阈值】数值为40%，【发光半径】数值为45，如图10.125所示，效果如图10.126所示。

图10.125 设置【发光】参数

图10.126 设置后效果

10.7 制作光圈合成

步骤01 执行菜单栏中的【合成】|【新建合成】命令，打开【合成设置】对话框，设置【合成名称】为光圈，【宽度】数值为1024px，【高度】数值为576px，【帧速率】为25帧/秒，并设置【持续时间】为00:00:10:00秒，如图10.127所示。

图10.128 【纯色设置】对话框

步骤03 选中"橘黄边缘"层，选择工具栏中的【椭圆工具】，在"橘黄边缘"层上按Shift+Ctrl组合键从中心绘制一个正圆蒙版，如图10.129所示。

图10.127 【合成设置】对话框

步骤02 执行菜单栏中的【图层】|【新建】|【纯色】命令，打开【纯色设置】对话框，设置【名称】为橘黄边缘，【颜色】为橘黄色（R:218；G:108；B:0），如图10.128所示。

图10.129 绘制正圆蒙版

步骤04 执行菜单栏中的【图层】||【新建】||【纯色】命令，打开【纯色设置】对话框，设置【名称】为黑圈，【颜色】为黑色，如图10.130所示。

图10.130 【纯色设置】对话框

步骤05 选中"黑圈"层，选择工具栏中的【椭圆工具】，在"黑圈"层上按Shift+Ctrl组合键从中心绘制一个正圆蒙版，如图10.131所示。

图10.131 绘制正圆蒙版

步骤06 选中"黑圈"层，在【效果和预设】面板中展开【风格化】特效组，双击【毛边】特效，如图10.132所示，效果如图10.133所示。

图10.132 添加【毛边】特效

图10.133 毛边效果

步骤07 在【效果控件】面板中，设置【边界】数值为150，【边缘锐度】数值为5，【比例】数值为10，如图10.134所示，效果如图10.135所示。

图10.134 参数设置

图10.135 设置后效果

10.8 制作总合成

步骤01 执行菜单栏中的【合成】|【新建合成】命令，打开【合成设置】对话框，设置【合成名称】为总合成，【宽度】数值为1024px，【高度】数值为576px，【帧速率】为25帧/秒，并设置【持续时间】为00:00:10:00秒。

步骤02 将【项目】面板中的"spaceBG.jpg"素材拖动到"总合成"时间线面板中，如图10.136所示。

图10.136 添加素材

步骤03 选中"spaceBG.jpg"层，按P键展开【位置】属性，设置【位置】数值为（512，289），如图10.137所示，效果如图10.138所示。

图10.137 参数设置

图10.138 设置后效果

步骤04 在【效果和预设】面板中展开【颜色校正】特效组，双击【色调】特效，如图10.139所示，效果如图10.140所示。

图10.139 添加【色调】特效

图10.140 色调效果

步骤05 设置【将白色映射到】颜色为蓝色（R:0，G:198，B:255），如图10.141所示，效果如图10.142所示。

图10.141 设置【将白色映射到】颜色

图10.142 设置后效果

步骤06 选中"spaceBG.jpg"层，将时间调整到00:00:03:15帧的位置，设置【着色数量】数值为100，单击码表🕐按钮，在当前位置添加关键帧；将时间调整到00:00:04:11帧的位置，设置【着色数量】数值为0，系统会自动创建关键帧，如图10.143所示。

图10.143 关键帧设置

步骤07 在【效果和预设】面板中展开【颜色校正】特效组，双击【曲线】特效，如图10.144所示。

步骤08 将时间调整到00:00:03:16帧的位置，单击【曲线】左侧的码表🕐按钮，在当前位置添加关键帧；将时间调整到00:00:04:01帧的位置，调整【曲线】形状，系统会自动创建关键帧；将时间调整到

图10.144 添加【曲线】特效

00:00:04:11帧的位置，调整【曲线】形状与起始形状相同，如图10.145所示。

图10.145 【曲线】关键帧设置

步骤09 此时画面色彩变化如图10.146所示。

图10.146 画面效果

步骤10 将【项目】面板中的"地球"合成拖动到"总合成"时间线面板中，将时间调整到00:00:04:12帧的位置，按Alt+]组合键，切断后面的素材，如图10.147所示。

图10.147 添加素材

步骤11 选中"地球"合成，在【效果和预设】面板中展开【颜色校正】特效组，双击【色阶】特效，如图10.148所示，效果如图10.149所示。

图10.148 添加【色阶】特效

图10.149 色阶效果

步骤12 在【效果控件】面板中，将时间调整到00:00:03:17帧的位置，单击【直方图】左侧的码表 按钮，在当前位置添加关键帧；将时间调整到00:00:04:13帧的位置，拖动下方白色滑块向黑色滑块移动，直到与黑色滑块重合，系统会自动创建关键帧，如图10.150所示。

步骤13 将【项目】面板中的"合成"拖动到"总合成"时间线面板中，将其入点放在00:00:03:15帧的位置，如图10.151所示。

图10.150 关键帧设置

图10.151 素材设置

步骤14 将时间调整到00:00:03:15帧的位置，选中"合成"层，设置【位置】数值为（591，256），【缩放】数值为（66，66）；按T键展开【不透明度】属性，设置【不透明度】数值为0%，单击码表 按钮，在当前位置添加关键帧；将时间调整到00:00:04:10帧的位置，设置【不透明度】数值为100%，如图10.152所示。

图10.152 关键帧设置

步骤15 选择工具栏中的【椭圆工具】 ，在"合成"层上绘制一个椭圆蒙版，如图10.153所示。

图10.153 绘制椭圆蒙版

步骤16 选中"合成"层，按F键展开【蒙版羽化】属性，设置【蒙版羽化】数值为（25，25）像素，如图10.154所示。

帧，如图10.158所示。

图10.157 设置【形状】选项组参数

图10.154 蒙版羽化效果

步骤17 在【效果和预设】面板中展开【模拟】特效组，双击【碎片】特效，如图10.155所示，效果如图10.156所示。

图10.158 设置【作用力1】选项组参数

• 提示

图案右侧的下拉列表中有许多破碎的类型，可以根据自己的喜好，以及画面需求来进行选择。

图10.155 添加【碎片】特效

步骤20 展开【物理学】选项组，设置【重力】数值为0，如图10.159所示。

步骤21 展开【灯光】选项组，将时间调整到00:00:04:10帧的位置，设置【环境光】数值为0.25，单击码表 按钮，在当前位置添加关键帧；将时间调整到00:00:05:16帧的位置，设置【环境光】数值为2，如图10.160所示。

图10.156 碎片效果

步骤18 因为当前图像的显示视图为线框，所以从图像中看到的只是线框效果。在【效果控件】面板中选择【碎片】特效，从【视图】右侧的下拉列表中选择【已渲染】命令；展开【形状】选项组，从【图案】右侧的下拉列表中选择【玻璃】，设置【重复】的数量为40，如图10.157所示。

步骤19 展开【作用力1】选项组，设置【强度】数值为6，将时间调整到00:00:05:10帧的位置，设置【半径】数值为0，单击码表 按钮，在当前位置添加关键帧；将时间调整到00:00:05:18帧的位置，设置【半径】数值为2，系统会自动创建关键

图10.159 设置【物理学】参数

图10.160 关键帧设置

步骤22 执行菜单栏中的【图层】|【新建】|【调整图层】命令,设置【名称】为"发光层",如图10.161所示。

图10.161 新建层

步骤23 选中"发光层",将时间调整到00:00:03:15帧的位置,按Alt+[组合键,切断前面的素材;将时间调整到00:00:04:09帧的位置,按Alt+]组合键,切断后面的素材,如图10.162所示。

图10.162 层设置

步骤24 在【效果和预设】中展开【风格化】特效组,双击【发光】特效,如图10.163所示,效果如图10.164所示。

图10.163 添加【发光】特效

图10.164 发光效果

步骤25 在【效果控件】面板中,设置【发光半径】数值为20,从【发光颜色】右侧的下拉列表中选择【A和B颜色】,如图10.165所示,效果如图10.166所示。

图10.165 参数设置

图10.166 设置后效果

步骤26 执行菜单栏中的【图层】|【新建】|【调整图层】命令，设置【名称】为"模糊层"，如图10.167所示。

图10.167 新建层

步骤27 选中"模糊层"，将时间调整到00:00:03:15帧的位置，按Alt+[组合键，切断前面的素材；将时间调整到00:00:04:09帧的位置，按Alt+]组合键，切断后面的素材，如图10.168所示。

图10.168 层设置

步骤28 在【效果和预设】面板中展开【模糊和锐化】特效组，然后双击CC 快速放射模糊1特效，如图10.169所示，效果如图10.170所示。

图10.169 添加CC 快速放射模糊1特效

图10.170 CC快速放射模糊效果

步骤29 在【效果控件】面板中，设置Amount（数量）数值为80，从Zoom（缩放）右侧的下拉列表中选择Brightest（变亮），如图10.171所示，效果如图10.172所示。

图10.171 参数设置

图10.172 设置后效果

步骤30 将【项目】面板中的"爆炸素材"拖动到"总合成"时间线面板中，如图10.173所示。将其入点设置在00:00:05:08帧的位置。

图10.173 素材设置

步骤31 选中"爆炸素材"层，按P键展开【位置】属性，设置【位置】数值为（596，279），【缩放】数值为（117，117），并设置其图层模式为【屏幕】，如图10.174所示。

图10.174 参数设置

步骤32 将时间调整到00:00:05:08帧的位置,按T键展开【不透明度】属性,设置【不透明度】数值为0%,单击码表■按钮,在当前位置添加关键帧;将时间调整到00:00:05:14帧的位置,设置【不透明度】数值为100%,系统会自动创建关键帧;将时间调整到00:00:06:04帧的位置,设置【不透明度】数值为100%;将时间调整到00:00:06:09帧的位置,设置【不透明度】数值为0%,如图10.175所示。

图10.175 设置【不透明度】关键帧

步骤33 选中"爆炸素材"层,在【效果和预设】面板中展开【颜色校正】特效组,双击【色阶】特效,如图10.176所示。

步骤34 在【效果控件】面板中,设置【输入黑色】数值为36,【输入白色】数值为278,如图10.177所示。

图10.176 添加【色阶】特效

图10.177 参数设置

步骤35 选中"爆炸素材"层,按Ctrl+D组合键复制出第2个"爆炸素材"层,并重命名为"爆炸素材2"层,设置其【位置】数值为(596,299),如图10.178所示。

图10.178 复制素材

步骤36 选中"爆炸素材2"层,将时间调整到00:00:05:15帧的位置,按[键,如图10.179所示。

图10.179 层设置

步骤37 选中"爆炸素材2"层,按Ctrl+D组合键复制出第二个"爆炸素材2"层,并重命名为"爆炸素材3"层,如图10.180所示。

图10.180 复制素材

步骤38 选中"爆炸素材3"层,将时间调整到00:00:05:19帧的位置,按[键,如图10.181所示。

图10.181 层设置

步骤39 将【项目】面板中的"光圈"合成拖动到"总合成"时间线面板中,如图10.182所示。

图10.182 素材设置

步骤40 选中"光圈"合成,并将其图层模式设置为【屏幕】,将时间调整到00:00:05:15帧的位置,按Alt+[组合键切断前面的素材,如图10.183所示。

图10.184 参数设置

步骤42 按S键展开【缩放】属性,将时间调整到00:00:05:15帧的位置,设置【缩放】数值为(30,30),单击码表 按钮,在当前位置添加关键帧;将时间调整到00:00:06:19帧的位置,设置【缩放】数值为(260,260),系统会自动创建关键帧,如图10.185所示。

图10.183 层设置

步骤41 打开三维层 ,按P键展开【位置】属性,设置【位置】数值为(544,288,-279),按R键展开【旋转】属性,设置【X轴旋转】数值为-74,【Y轴旋转】数值为10,【Z轴旋转】数值为3,如图10.184所示。

图10.185 设置【缩放】关键帧

步骤43 这样就完成了"星球爆炸"的制作,按小键盘上的0键预览,其中几帧动画效果如图10.186所示。

图10.186 其中几帧动画效果

附录 A

After Effects CC 外挂插件的安装

A.1 外挂插件的安装

外挂插件就是其他公司或个人开发制作的特效插件，有时也称第三方插件。外挂插件有很多内置插件没有的特点，它一般应用比较容易，效果丰富，受到用户的喜爱。

外挂插件不是软件本身自带的，它需要用户自行购买。After Effects CC有众多的外挂插件，正是有了这些神奇的外挂插件，使得该软件的非线性编辑功能更加强大。

在After Effects CC的安装目录下，有一个名为Plug-ins的文件夹，这个文件夹就是用来放置插件的。插件的安装分为两种，分别介绍如下：

1. 后缀为 .aex

有些插件本身不带安装程序，只是一个后缀为.aex的文件，这样的插件，只需要将其复制、粘贴到After Effects CC安装目录下的Plug-ins的文件来中，然后重新启动软件，即可在【效果和预设】面板中找到该插件特效。

● 提示

如果安装软件时，使用的是默认安装方法，则Plug-ins文件夹的位置应该是C:\Program Files\Adobe\Adobe After Effects CC\Support Files\Plug-ins。

2. 后缀为 .exe

这样的插件为安装程序文件，可以将其按照安装软件的方法进行安装，这里以安装Shine（光）插件为例，详解插件的安装方法：

步骤01 双击安装程序，即双击后缀为.exe的Shine（光）文件，如图A-1所示。

图A-1 双击安装程序

步骤02 双击安装程序后，弹出安装对话框，单击
Next（下一步）按钮，弹出确认接受信息，单击
Yes（确认）按钮，进入如图A-2所示的注册码
输入或试用对话框。在该对话框中，选择Install
Demo Version单选按钮，将安装试用版；选择
Enter Serial Number单选按钮，将激活下方的文
本框，在其中输入注册码后，Done按钮将自动变成
可用状态，单击该按钮，将进入如图A-3所示的选
择安装类型对话框。

步骤03 在选择安装类型对话框中有两个单选按钮，
Complete单选按钮表示电脑默认安装，不过为了安
装的位置不会出错，一般选择Custom（自定义）
单选按钮，以自定义的方式进行安装。

图A-2 试用或输入注册码

图A-3 选择安装类型对话框

步骤04 选择Custom（自定义）单选按钮后，单击
Next（下一步）按钮进入如图A-4所示的选择安装
路径对话框，在该对话框中单击Browse（浏览）按
钮，将打开如图A-5所示的Choose Folder（选择
文件夹）对话框，可以从中选择要安装的路径。

图A-4 选择安装路径对话框

图A-5 Choose Folder（选择文件夹）对话框

步骤05 依次单击【确定】、Next（下一步）按钮，
插件会自动完成安装。

步骤06 安装完插件后，重新启动After Effects CC
软件，在【效果和预设】面板中展开Trapcode特效
组，即可看到Shine（光）特效，如图A-6所示。

图A-6 Shine（光）特效

A.2 外挂插件的注册

在安装完成后，如果安装时没有输入注册码，而是使用的试用形式安装，需要对软件进行注册。因为安装的插件没有注册，在应用时，会显示一个红色的X号，它只能试用不能输出，可以在安装后再对其注册即可。注册的方法很简单，下面还是以Shine（光）特效为例进行讲解：

步骤01 在安装完特效后，在【效果和预设】中展开Trapcode特效组，然后双击到Shine（光）特效，为某个层应用该特效。

步骤02 应用完该特效后，在【效果控件】面板中即可看到Shine（光）特效，单击该特效名称右侧的【选项】文字，如图A-7所示。

步骤03 这时，将打开如图A-8所示的对话框，在ENTER SERIAL NUMBER右侧的文本框中输入注册码，然后单击Done（确定）按钮即可完成注册。

图A-7 单击【选项】

图A-8 输入注册码

附录B

After Effects CC 默认
键盘快捷键

工具栏

操作	Windows 快捷键
选择工具	V
手工具	H
缩放工具	Z（使用Alt键缩小）
旋转工具	W
摄像机工具（统一摄像机工具、轨道摄像机工具、跟踪XY摄像机工具、跟踪Z摄像机工具）	C（连续按C键切换）
向后平移（锚点）工具	Y
遮罩工具（矩形、椭圆）	Q（连续按Q键切换）
钢笔工具（添加节点、删除节点、转换点）	G（连续按G键切换）
文字工具（横排文字、竖排文字）	Ctrl + T（连续按Ctrl + T组合键切换）
画笔、克隆图章、橡皮擦工具	Ctrl + B（连续按Ctrl + B组合键切换）
暂时切换某工具	按住该工具的快捷键
钢笔工具与选择工具临时互换	按住Ctrl
在信息面板显示文件名	Ctrl + Alt + E
复位旋转角度为0	双击旋转工具
复位缩放率为100%	双击缩放工具

项目窗口

操作	Windows 快捷键
新项目	Ctrl + Alt + N
新文件夹	Ctrl + Alt + Shift + N
打开项目	Ctrl + O
打开项目时只打开项目窗口	利用打开命令时按住Shift键
打开上次打开的项目	Ctrl + Alt + Shift + P
保存项目	Ctrl + S
打开项目设置对话框	Ctrl + Alt + Shift + K
选择上一子项	上箭头
选择下一子项	下箭头
打开选择的素材项或合成图像	双击
激活最近打开的合成图像	\
增加选择的子项到最近打开的合成窗口中	Ctrl + /
显示所选合成图像的设置	Ctrl + K
用所选素材时间线窗口中选中层的源文件	Ctrl + Alt + /
删除素材项目时不显示提示信息框	Ctrl + Backspace
导入素材文件	Ctrl + I
替换素材文件	Ctrl + H
打开解释素材选项	Ctrl+ F
重新导入素材	Ctrl + Alt + L
退出	Ctrl + Q

合成窗口

操作	Windows 快捷键
显示/隐藏标题和动作安全区域	'
显示/隐藏网格	Ctrl + '
显示/隐藏对称网格	Alt + '
显示/隐藏参考线	Ctrl + ;
锁定/释放参考线	Ctrl + Alt + Shift + ;
显示/隐藏标尺	Ctrl + R
改变背景颜色	Ctrl + Shift + B
设置合成图像解析度为完整	Ctrl + J
设置合成图像解析度为二分之一	Ctrl + Shift + J
设置合成图像解析度为三分之一	Ctrl + Alt + Shift + J
设置合成图像解析度为自定义	Ctrl + Alt + J
快照（最多4个）	Ctrl + F5，F6，F7，F8
显示快照	F5，F6，F7，F8
清除快照	Ctrl + Alt + F5，F6，F7，F8
显示通道（RGBA）	Alt + 1，2，3，4
带颜色显示通道（RGBA）	Alt + Shift + 1，2，3，4
关闭当前窗口	Ctrl + W

文字操作

操作	Windows 快捷键
左、居中或右对齐	横排文字工具 + Ctrl + Shift + L、C或R
上、居中或底对齐	直排文字工具 + Ctrl + Shift + L、C或R
选择光标位置和鼠标单击处的字符	Shift + 单击鼠标
光标向左 / 向右移动一个字符	左箭头 / 右箭头
光标向上 / 向下移动一个字符	上箭头 / 下箭头
向左 / 向右选择一个字符	Shift + 左箭头 / 右箭头
向上 / 向下选择一个字符	Shift + 上箭头 / 下箭头
选择字符、一行、一段或全部	双击、三击、四击或五击
以2为单位增大 / 减小文字字号	Ctrl + Shift + < / >
以10为单位增大 / 减小文字字号	Ctrl + Shift + Alt < / >
以2为单位增大 / 减小行间距	Alt + 下箭头 / 上箭头
以10为单位增大 / 减小行间距	Ctrl + Alt + 下箭头 / 上箭头
自动设置行间距	Ctrl + Shift + Alt + A
以2为单位增大 / 减小文字基线	Shift + Alt + 下箭头 / 上箭头
以10为单位增大 / 减小文字基线	Ctrl + Shift + Alt + 下箭头 / 上箭头
大写字母切换	Ctrl + Shift + K
小型大写字母切换	Ctrl + Shift + Alt + K
文字上标开关	Ctrl + Shift + =
文字下标开关	Ctrl + Shift + Alt + =
以20为单位增大 / 减小字间距	Alt + 左箭头 / 右箭头
以100为单位增大 / 减小字间距	Ctrl + Alt + 左箭头 / 右箭头
设置字间距为0	Ctrl + Shift + Q
水平缩放文字为100%	Ctrl + Shift + X
垂直缩放文字为100%	Ctrl + Shift + Alt + X

预览设置（时间线窗口）

操作	Windows 快捷键
开始/停止播放	空格
从当前时间点试听音频	.（数字键盘）
RAM预览	0（数字键盘）
每隔一帧的RAM预览	Shift+0（数字键盘）
保存RAM预览	Ctrl+0（数字键盘）
快速视频预览	拖动时间滑块
快速音频试听	Ctrl + 拖动时间滑块
线框预览	Alt+0（数字键盘）
线框预览时保留合成内容	Shift+Alt+0（数字键盘）
线框预览时用矩形替代Alpha轮廓	Ctrl+Alt+0（数字键盘）

层操作（合成窗口和时间线窗口）

操作	Windows 快捷键
拷贝	Ctrl + C
复制	Ctrl + D
剪切	Ctrl + X
粘贴	Ctrl + V
撤消	Ctrl + Z
重做	Ctrl + Shift + Z
选择全部	Ctrl + A
取消全部选择	Ctrl + Shift + A 或 F2
向前一层	Shift +]
向后一层	Shift+ [
移到最前面	Ctrl + Shift +]
移到最后面	Ctrl + Shift + [
选择上一层	Ctrl + 上箭头
选择下一层	Ctrl + 下箭头
通过层号选择层	1~9（数字键盘）
选择相邻图层	单击选择一个层后再按住Shift键单击其他层
选择不相邻的层	按Ctrl键并单击选择层
取消所有层选择	Ctrl + Shift + A 或 F2
锁定所选层	Ctrl + L
释放所有的选定	Ctrl + Shift + L
分裂所选层	Ctrl + Shift + D
激活选择层所在的合成窗口	\
为选择层重命名	按Enter键（主键盘）
在层窗口中显示选择的层	Enter（数字键盘）
显示与隐藏图像	Ctrl + Shift + Alt + V
隐藏其他图像	Ctrl + Shift + V
显示选择层的特效控制窗口	Ctrl + Shift + T 或 F3
在合成窗口和时间线窗口中转换	\
打开素材层	双击该层
拉伸层适合合成窗口	Ctrl + Alt + F
保持宽高比拉伸层适应水平尺寸	Ctrl + Alt + Shift + H
保持宽高比拉伸层适应垂直尺寸	Ctrl + Alt + Shift + G
反向播放层动画	Ctrl + Alt + R

操作	Windows 快捷键
设置入点	[
设置出点	]
剪辑层的入点	Alt + [
剪辑层的出点	Alt +]
在时间滑块位置设置入点	Ctrl + Shift + ,
在时间滑块位置设置出点	Ctrl + Alt + ,
将入点移动到开始位置	Alt + Home
将出点移动到结束位置	Alt + End
素材层质量为最好	Ctrl + U
素材层质量为草稿	Ctrl + Shift + U
素材层质量为线框	Ctrl + Alt + Shift + U
创建新的固态层	Ctrl + Y
显示固态层设置	Ctrl + Shift + Y
合并层	Ctrl + Shift + C
约束旋转的增量为45°	Shift + 拖动旋转工具
约束沿X轴、Y 轴或Z轴移动	Shift + 拖动层
等比例缩放素材	按住Shift 键拖动控制手柄
显示或关闭所选层的特效窗口	Ctrl + Shift + T
添加或删除表达式	在属性区按住Alt键单击属性旁的小时钟按钮
以10为单位改变属性值	按住Shift键在层属性中拖动相关数值
以0.1为单位改变属性值	按住Ctrl 键在层属性中拖动相关数值

查看层属性（时间线窗口）

操作	Windows 快捷键
显示锚点	A
显示位置	P
显示缩放	S
显示旋转	R
显示音频电平	L
显示波形	LL
显示效果	E
显示蒙版羽化	F
显示蒙版路径	M
显示蒙版不透明度	TT

显示不透明度	T
显示蒙版属性	MM
显示所有动画值	U
显示在对话框中设置层属性值（与P,S,R,F,M一起）	Ctrl + Shift + 属性快捷键
显示时间窗口中选中的属性	SS
显示修改过的属性	UU
隐藏属性或类别	Alt + Shift + 单击属性或类别
添加或删除属性	Shift + 属性快捷键
显示或隐藏父级栏	Shift + F4
图层开关 / 转换控制开关	F4
放大时间显示	+
缩小时间显示	-
打开不透明度对话框	Ctrl + Shift + O
打开定位点对话框	Ctrl + Shift + Alt + A

工作区设置（时间线窗口）

操作	Windows 快捷键
设置当前时间标记为工作区开始	B
设置当前时间标记为工作区结束	N
设置工作区为选择的层	Ctrl + Alt + B
未选择层时，设置工作区为合成图像长度	Ctrl + Alt + B

时间和关键帧设置（时间线窗口）

操作	Windows 快捷键
设置关键帧速度	Ctrl + Shift + K
设置关键帧插值法	Ctrl + Alt + K
增加或删除关键帧	Alt + Shift + 属性快捷键
选择一个属性的所有关键帧	单击属性名
拖动关键帧到当前时间	Shift + 拖动关键帧
向前移动关键帧一帧	Alt +右 箭头
向后移动关键帧一帧	Alt + 左箭头
向前移动关键帧十帧	Shift + Alt + 右箭头

向后移动关键帧十帧	Shift + Alt + 左箭头
选择所有可见关键帧	Ctrl + Alt + A
到前一可见关键帧	J
到后一可见关键帧	K
线性插值法和自动贝塞尔插值法间转换	Ctrl + 单击关键帧
改变自动贝塞尔插值法为连续贝塞尔插值法	拖动关键帧
定格关键帧转换	Ctrl + Alt + H或Ctrl + Alt + 单击关键帧
连续贝塞尔插值法与贝塞尔插值法间转换	Ctrl + 拖动关键帧
缓动	F9
缓入	Shift + F9
缓出	Ctrl + Shift + F9
到工作区开始	Home或Ctrl + Alt + 左箭头
到工作区结束	End或Ctrl + Alt + 右箭头
到前一可见关键帧或层标记	J
到后一可见关键帧或层标记	K
到合成图像时间标记	主键盘上的0~9
到指定时间	Alt + Shift + J
向前一帧	Page Up或Ctrl + 左箭头
向后一帧	Page Down或Ctrl + 右箭头
向前十帧	Shift + Page Down或Ctrl + Shift + 左箭头
向后十帧	Shift + Page Up或Ctrl + Shift + 右箭头
到层的入点	I
到层的出点	o
拖动素材时吸附关键帧、时间标记和出入点	按住 Shift 键并拖动

精确操作（合成窗口和时间线窗口）

操作	Windows 快捷键
以指定方向移动层一个像素	按相应的箭头
旋转层1°	+ （数字键盘）
旋转层-1°	- （数字键盘）

放大层1%	Ctrl + +（数字键盘）
缩小层1%	Ctrl + -（数字键盘）
缓动	F9
缓入	Shift + F9
缓出	Ctrl + Shift + F9

特效控制窗口

操作	Windows 快捷键
选择上一个效果	上箭头
选择下一个效果	下箭头
扩展/收缩特效控制	~
清除所有特效	Ctrl + Shift + E
增加特效控制的关键帧	Alt + 单击效果属性名
激活包含层的合成图像窗口	\
应用上一个特效	Ctrl + Alt + Shift + E
在时间线窗口中添加表达式	按Alt键单击属性旁的小时钟按钮

遮罩操作（合成窗口和层）

操作	Windows 快捷键
椭圆遮罩填充整个窗口	双击椭圆工具
矩形遮罩填充整个窗口	双击矩形工具

新遮罩	Ctrl + Shift + N
选择遮罩上的所有点	Alt + 单击遮罩
自由变换遮罩	双击遮罩
对所选遮罩建立关键帧	Shift + Alt + M
定义遮罩形状	Ctrl + Shift + M
定义遮罩羽化	Ctrl + Shift + F
设置遮罩反向	Ctrl + Shift + I

显示窗口和面板

操作	Windows 快捷键
项目窗口	Ctrl + 0
项目流程视图	Ctrl + F11
渲染队列窗口	Ctrl + Alt + 0
工具箱	Ctrl + 1
信息面板	Ctrl + 2
时间控制面板	Ctrl + 3
音频面板	Ctrl + 4
字符面板	Ctrl + 6
段落面板	Ctrl + 7
绘画面板	Ctrl + 8
笔刷面板	Ctrl + 9
关闭激活的面板或窗口	Ctrl + W